夜ふかしするほど面白い「月の話」

寺薗淳也

PHP文庫

○本表紙図柄＝ロゼッタ・ストーン（大英博物館蔵）
○本表紙デザイン＋紋章＝上田晃郷

はじめに

月は、不思議な天体です。

明るく夜空を照らす月は、肉眼で形がはっきり見える唯一の天体でもあり、ただ一つ人間が足を踏み入れたことがある天体でもあります。

私たちの心の中には、いつもそばにいるなじみ深い天体としての月と、人類が訪れたという科学技術の側面としての月という、二つの相異《あいこと》なる月のイメージが共存しているように思えます。

そんな中、月はいま再び脚光を浴びつつあります。月探査レースに参加する日本のチーム「ハクト」、日本が参加を検討している月上空の宇宙ステーション「深宇宙ゲートウェイ」、そして日本人宇宙飛行士による有人月探査……。アポロからほぼ半世紀。「ふたたび月へ」という気運はこれまでになく高まっています。

では私たちは、月のことをどのくらい知っているでしょうか？

たとえば、月はなぜ毎日形を変えるのか？　月はなぜいつも、同じ側しか私たちにみせないのか？　裏側はどうなっているのか？……いろいろな疑問が数多く湧いてきます。そして、それに正しく答えようとすると意外に難しいものです。

私は月の研究者として、二五年間にわたって、主に月の表面や内部についての研究を続けてきました。その一方で、月と月探査について、講演やイベント、私が主宰するウェブサイト「月探査情報ステーション」などを通していろいろな情報をお伝えしてきました。

そのような中で、月と月探査について多くの質問をいただいてきました。もっとも身近な天体だからこそ、多くの質問が寄せられるともいえるでしょう。

この本は、皆さんから寄せられる質問の中から、とりわけ多く寄せられるものをまとめたものです。そしてなるべく専門用語や数式を使わず、やさしく、わかりやすく、でも正確に解説するように努めました。

もちろん、月についての不思議は本書で述べられているものだけではありません。この本で取り上げた質問は、あくまで「月への入口」に過ぎないのです。

もし月についてもっと知りたいと思われましたら、ぜひ皆さんご自身でいろいろと調べてみて下さい。そしてそのときには、先に述べた「月探査情報ステーション」もご覧いただければと思います。

この本を読んで、今日からあなたが見上げる月は、これまでと違って見えるようになるはずです。もし皆さんに新たな月の世界を知っていただけましたら、筆者としてこれほどうれしいことはありません。

最後に、本書の執筆にあたり編集の労をお執りいただいたＰＨＰ研究所の前原真由美様、本書の企画から図版構成まで、詳細にわたりご尽力いただいた中村俊宏様に、この場を借りてお礼申し上げます。

二〇一七年一二「月」四日
冬の満月が美しい福島・会津若松にて

寺薗淳也

夜ふかしするほど面白い「月の話」◎目次

第1章 月と私たちのつながり

第2章 月の素顔に迫る

第3章 月に秘められた謎

第4章　月に行く、月で暮らす

第1章　月と私たちのつながり

Q 月はなぜ「お盆」のように見えるのですか？

A 細かい粒子の月の砂が光を反射するため

月に関する歌はいくつかありますが、その中でももっともなじみ深いものは、おそらくは「月」でしょう。

でたでた　つきが　まるい　まるい　まんまるい　ぼんのような　つきが

シンプルに月の美しさをお盆《ぼん》にたとえた歌詞は、子供でもわかりやすく、忘れられないものかと思います。

ですが、この「ぼんのようなつき」が科学的にも正しい、と知ったら、あなた

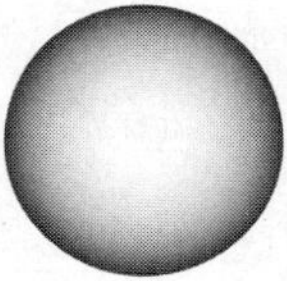

ボールに正面から光を当てると、中央は明るいが周辺部は暗い。

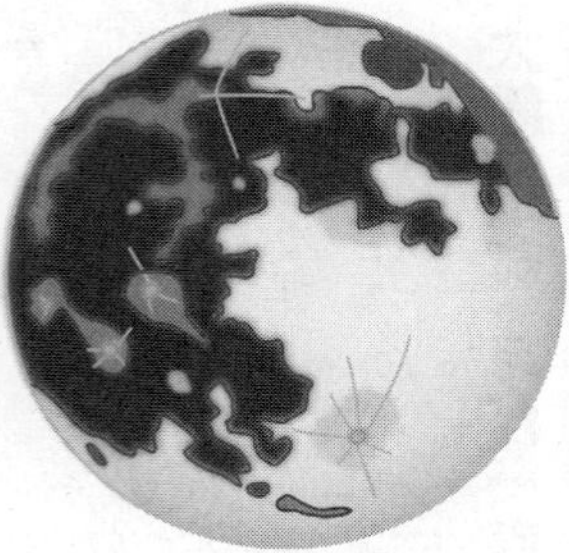

満月のときの月は、周辺部まで明るい。

はどう思いますか？

そうなのです。月は本当に、お盆のように見えるのです。

ぜひ満月のときに、もう一度しっかりと月を眺めてみてください。特に、中心ではなく、縁の部分です。

当たり前ですが、月は球です。ですから、本来であれば当たる光が減る周辺部の方は少しずつ暗くなっていくように考えられます。ですが、夜空にこうこうと輝く満月は、真ん中も周辺部も同じような明るさで、お盆か、あるいは丸い照明が空にあるかのようです。

このように月がお盆のように明るく見

える（周辺が暗くならない）理由は、月の砂（レゴリス）の性質にあると考えられています。

このレゴリスについては第2章で詳しく触れますが、直径がおおよそ一〇マイクロメートル〜一ミリメートル程度というものすごく細かい砂でできています。このような細かい砂は、太陽の光が当たるとそれを四方八方に跳ね返します。また、粒子同士も互いに光を反射し合うなどして、光を強め合ったり弱めてしまったりします。

このようにあちこちに光が散乱されるということは、月の縁の方で反射されて地球の方に本来届かない光も、地球の方に多めにやってくることになります。このような理由で、月は縁の方でも明るく見え、結果的に「お盆のような月」が私たちに見えるということになります。

太陽、地球、月が一直線に並ぶと輝きが増す

ところで、満月の明るさに皆さんびっくりしたことはありませんか？

実は、満月の明るさはそれ以外のときと比べて飛び抜けて明るいのです。

満月の明るさはマイナス一二・七等、一方、半月の明るさはマイナス一〇等程度です。一等違うと明るさは二・五倍、二等違うと明るさは二・五×二・五倍違ってきます（等級の値が小さいほど明るい）。つまり、満月と半月の明るさは約二・五を三回かけた値、約一二倍異なることになります。

不思議ですよね。満月は半月の倍の大きさですから、明るさは二倍だと思いませんか？　しかし、満月はそれだけものすごく明るいのです。

ここに隠されている現象が「衝《しょう》効果」です。

「衝」とは天文用語です。観測しようとしている天体が、自分（例えば地球）から見て太陽の正反対にくる場合を衝といいます。いってみれば、太陽を背中にして相手の天体を見ている場合で、月でいえば満月の場合がそれに相当します。

このとき、天体の表面が粗い物質、例えば砂のようなものでできていると、衝に近づくにつれ、正面へと光を急激に跳ね返すようになります。つまり、観測者の側に達する光の量が急激に増えるのです。これが衝効果と呼ばれる現象です。

月でもこのような衝効果が起きていると考えられています。特に、正面に近づくにつれ急激に明るさを増すのが特徴です。

衝効果は土星の輪や月では確認されていましたが、話題になったのは、実は小惑星探査機「はやぶさ」の小惑星イトカワへの接近のときでした。「はやぶさ」が小惑星イトカワに着陸しようとするときに撮影された写真で、「はやぶさ」の影の周りが非常に明るくなっていました。このとき、「はやぶさ」自身とイトカワ、太陽とが一直線になっていて、まさに衝効果によってこのような写真が撮影できたのです。そして、イトカワの表面も衝効果を起こすような物質でできていることがわかりました。

二〇一四年には、ＪＡＸＡ宇宙科学研究所の長谷川直《すなお》博士を中心としたグループにより、小惑星ベスタの衝効果が世界ではじめて確認されました。

明るい満月の裏には、科学的にもまだ完全には解明されていない謎が隠されているのです。

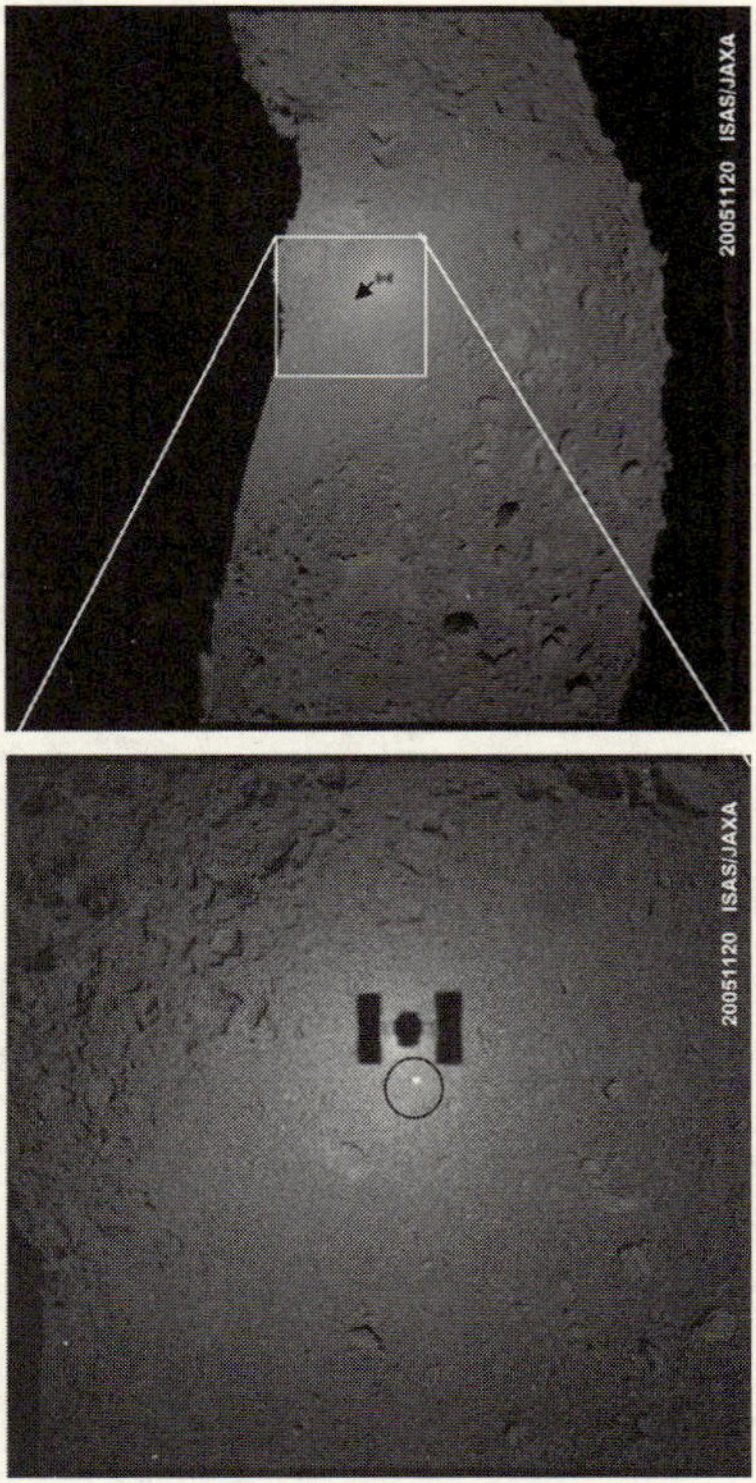

小惑星イトカワにおける「衝効果」の実例。2005 年 11 月 19 日、第 1 回のサンプル採集の際に撮影されたイトカワと小惑星探査機「はやぶさ」。「はやぶさ」の影の周りが明るくなっているのは、衝効果の影響により太陽の光が強くなったため。なお、下の画像の中心にある（○で囲ってある）のは、「はやぶさ」が着陸点の目標とするために投下したターゲットマーカー。こちらは光を反射する設計になっているため、非常に明るく写っている。

Photo: ISAS/JAXA（原図を 90 度回転させてある）
出典 : http://www.isas.jaxa.jp/j/snews/2005/1123_hayabusa.shtml

Q 「一ヵ月」の月は月と何か関係があるのですか？

A 月を天然のカレンダーとして使っていた

私たちは普段何気なく「一ヵ月」とか「二月《ふたつき》」のように、月を単位として使います。では、この「月」は夜空の「月」と関係があるのかというと、あるのです。もともとこの暦の「月」とは、月の満ち欠けの周期からきているのです。

月の満ち欠けの周期とは、月の形が再び同じになるまでの周期です。もう少しわかりやすくいうと、満月から満月まで、新月から新月まで、というように、一つの月の形が変わっていく周期です。

月は、新月から数えれば、新月↓半月（上弦《じょうげん》の月）↓満月↓半月（下弦《かげん》の月）↓新月と形を変えていきます。例えば新月を月のスタートとすれば（夜空に全く

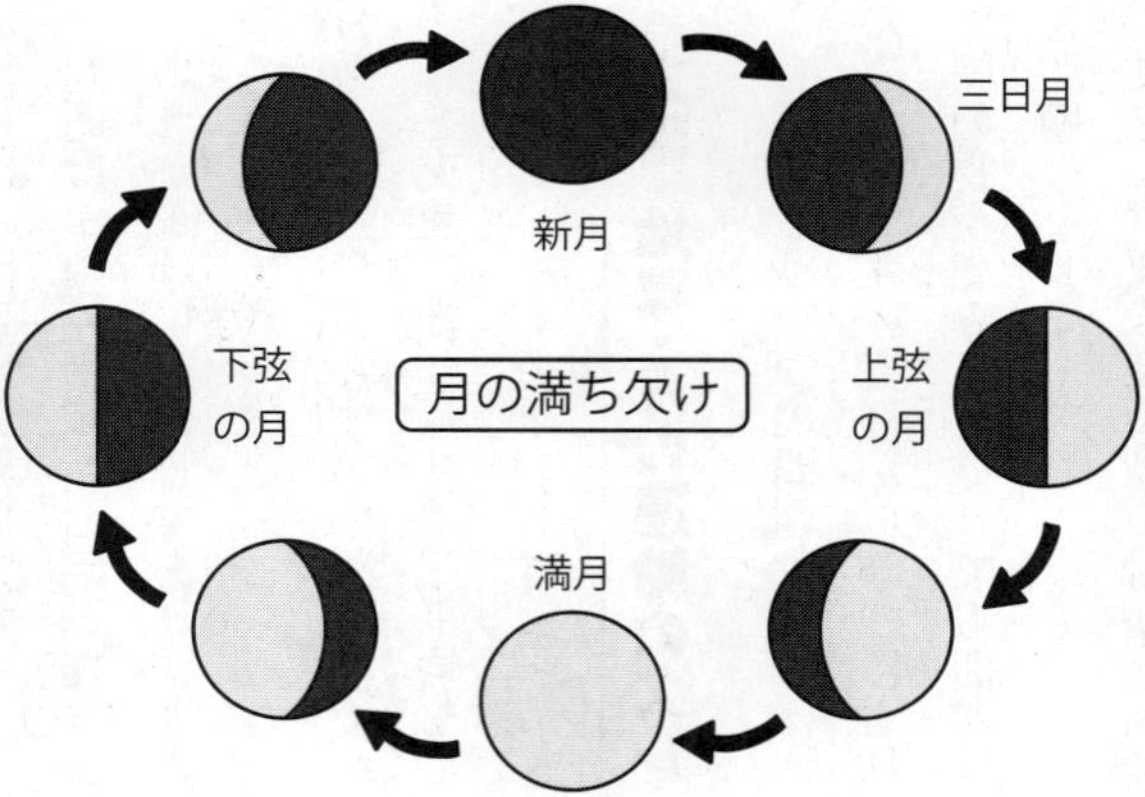

月が見えない日）、三日月は三日、半月は大体七日、満月は一五日……というように、夜空の月の形を見ることで大体日付を合わせることができます。そして、月の形の繰り返しの周期が、微妙に変わることはあっても大きく変わることはありません。ですので、昔の人は月の満ち欠けを天然のカレンダーとして、大切に使っていたのです。

この月の満ち欠けの周期のことを「朔《さく》望月《ぼうげつ》」といいます。「朔」は新月、「望」は満月のことで、両者の周期（前に述べた「新月から新月まで」あるいは「満月から満月まで」の周期）を表します。この朔望月はほぼ二九・五日です。

問題はこの「ほぼ」と「二九・五日」という期間です。

これが正確に三〇日であれば非常にきりがいいのですが、二九・五日と小数点がついてしまうのはなんともいただけません。そこで考えられたのは、ひと月の日数を微妙にずらすという方法です。例えば、三〇日の月と二九日の月を作り、それを交互に繰り返せば、平均してひと月が二九・五日となりますからちょうど都合がいいというわけです。

太陽・地球・月の運動のズレに悩んだ暦の歴史

しかしもう一つの問題は「ほぼ」です。月の運動は必ずしも一定ではありませんので、二九・五日から微妙にずれる場合があります。数日や数ヵ月といった短期間の視点でみればそれでも問題はないのですが、長年誤差が積み重なってくると問題になります。

さらに、地球は太陽の周りを「ほぼ」三六五日かけて回っていますが、三〇日と二九日を繰り返すとこれにいちばん近い日は六周期（つまり一二ヵ月）の三五四日となり、微妙に足りません。このため、一つ余計な月「閏月《うるうづき》」を挿入しないと、次第に月と季節がずれていってしまいます。

このような、太陽・地球・月の運動の微妙なズレからくる「ほぼ」の積み重ねをどのように織り込んで暦を作っていけばいいのかが、古代から現代に至るまでの暦の悩みでもありました。

私たちが現在使っている暦は、地球が太陽の周りを回る周期を基本にした「太陽暦」です。一方、私たちが「旧暦」と呼んでいる暦は、月の運動を基本に太陽の動き（というか地球の動き）を加味した「太陰《たいいん》太陽暦」と呼ばれるものです。

旧暦は現在では用いられていませんが、中秋の名月は旧暦八月一五日の月のことをいうように、旧暦は今でも日常生活に深く入り込んでいます。

Q 一年のうち、月がもっとも美しいのはいつですか？

A 秋のお月見は理にかなっている

美しさというのは多分に主観的なものではありますが、ここではあくまで科学的な観点で月を見るという視点で考えてみます。

まず夏の月です。夏の月は外に出て見やすいという点で、見るのに最適だと思われる方も多いかもしれません。ですが、日本の夏は湿度が高いために空気がどうしてもぼやけてしまい、なかなかスッキリとした月を見ることができません。

また、夏の満月は南中（月が南にきて、もっとも高い高度にくること）のときの高度（南中高度といいます）が低いため、高いところまで月が昇りません。そのため、地表付近を漂うチリの影響を受けたり、山などの影に隠れやすくなり、なかなかきれいな月が見えません。

では夏の反対の冬はどうでしょうか。確かに冬の満月は空高く昇ります。天に神々《こうごう》しく輝く冬の月は本当に美しいと思われる方も多いでしょう。しかし、空高く昇っているということは、長時間にわたって月を眺めるにはあまり都合よくありません。月を見るのにずっと上を見続けてしまうと、首が疲れてしまいます。

そして、冬は何といっても寒い季節です。屋外で長い時間にわたって月を見続けるにはちょっと大変です。また、日本海側などでは雪のシーズンでもありますから、月などほとんど見えないということもあるかと思います。

となると、残りは秋と春です。

春の月はどうでしょうか。確かに月の高さもちょうどよいですし、夏や冬のように極端に暑い・寒いということもありません。ただ、春は天気があまりよくない日が意外に多いため、月が見えないことも多いようです。

さらに、春はそのイメージとは異なり、空気が意外に汚れています。春になると花粉症を気にされる方も多いと思いますが、春の空気には花粉がかなり混じっていて、空気を汚しています。さらに中国大陸から飛んでくる黄砂《こうさ》もありますし、湿度もそれなりに高いため空がぼんやりとしています。春の月が「おぼろ月夜」（おぼろげに見える月）となるのは、空気中にこういった微粒子がかなり混じってしまっていることも大きな理由となっています。

かくして、消去法ということになりますが、秋の月がもっともきれい、ということになります。

秋は比較的空が澄んでいますし、天候も安定していることが多いようです。月の高さもお月見に申し分ない高さで、長く見ていても首が疲れたりすることもありません。

秋にお月見をするというのは、もちろん収穫を祝うといった行事としての意味もありますが、このように美しい月を愛《め》でるという意味もあるのでしょう。

俳句でも、月が含まれる季語は多数ありますが、ただ単に「月」といった場合は秋の季語となります。

Q 中秋の名月とはなんですか？

A 旧暦八月一五日に月を愛でる行事

中秋《ちゅうしゅう》の名月を一言で説明しますと、「旧暦八月一五日に、月を眺め、愛でる行事」ということになります。一五日の月であることから「十五夜」とも呼ばれます。

まず、中秋という言葉から説明していきましょう。

旧暦では、一二ヵ月を三ヵ月ごとに区切り、季節を表していました。一～三月が「春」、四～六月が「夏」、七～九月が「秋」、そして一〇～一二月が「冬」です。

この七～九月の秋のど真ん中、八月一五日を秋の真ん中、中秋と呼び、その日の月（満月とは限りません）を愛でるようになったのです。

ちなみに、各季節の月は、ひと月目（例えば、春であれば一月）を孟《もう》、ふた月目を仲《ちゅう》、三月目を季《き》と呼びました。ですから、秋の真ん中の八月は「仲秋」ということになり、このことから「仲秋の名月」という呼び名で呼ばれることもあります。どちらが正しいのかというのはなかなか難しく、筆者は日付を特定できる意味で「中秋」の方がふさわしいと考えますが、時代と共にその区分は薄れてきており、どちらで呼ばれても問題はなくなってきています。

なぜ一年のうちこの時期の月を愛でる行事が始まったのかですが、やはり秋の月が美しいこと（前項もご参照ください）が大きなきっかけではなかったかと思います。

そもそもこの中秋の名月に月を愛でるという習慣は、中国が発祥で、そこから日本へと渡ってきました。中国では今でもこの日を「中秋節」と呼び、月餅《げっぺい》というお菓子を食べながらお月見をする習慣が残っています。

朝鮮半島では「チュソク」（秋夕）と呼ばれ、この中秋の名月の前後三日間は休日となります。大型連休となるこの期間は、普段都会で暮らしている人たちも田舎の家族のもとに帰り、墓参りや家族水入らずのときを過ごします。

日本人は月を愛でるのが好き?

お月見の習慣は平安時代の頃に日本に伝わり、貴族たちの間で月を愛でながら和歌を詠むなどの行事を行っていました。やがてこの行事が江戸時代に庶民にも広がり、今のように一般の人が団子などをお供《そな》えして祝うようになったようです。

また、時期がちょうど農作物の収穫時期にも当たっていたことから、一年間農作物のための「カレンダー」として役立ってくれた月への感謝の意味を込めてお供えをするという習慣も出てきました。こうして日本ではお月見は独特の発展を遂げていきます。

なお、この時期に取れる芋をお供えすることから、中秋の名月を「芋名月」と呼ぶこともあります。また、お米で作った団子をお供えするのは、その丸い形が月を表していると同時に、秋の収穫の代名詞である芋を模したものともいわれます。さらに、お供え物として欠かせないすすきは、厄払いと翌年の豊作を願う意味で飾られたと言われています。

さて、日本では中秋の名月以外にもう一つ、独特のお月見が誕生しました。中秋の名月の約一ヵ月後の十三夜（旧暦九月一三日）の月を「栗名月」として愛でる習慣があります。これは日本独自のもので、これまた平安時代の貴族の行事に遡《さかのぼ》るようです。

満月ではなく一三というやや中途半端な時期になった理由としては、本来一五とすべきところを一三と書き間違えたものが伝わったという説などもありますが、月齢一三日の月（これから満ちていく月）も美しいとして愛でる対象になったのかもしれません。

中秋の名月から一ヵ月遅れのこの月は、「後《のち》の月」「十三夜」、あるいはこの時期に収穫できる栗や豆から「栗名月」「豆名月」と呼ばれます。

なお、中秋の名月と栗名月、両方を見ないと「片見月」として縁起が悪いとさ

れています。これは江戸時代あたりから広まった風習とされています。
いずれにしても、秋の美しい月を愛でるというのは、自然とのつながりを失いかけている私たちにとっても必要なことかもしれません。せめて中秋の名月の日は、お供え物を用意して月を眺めてみるのも悪いことではないでしょう（さらにはその翌月の栗名月にもチャレンジしてみましょう）。

Q スーパームーンとはなんですか？

A 一四パーセント大きく、三〇パーセント明るい月

最近は、満月のときに「今日はスーパームーンですね」とテレビなどで解説されることも多くなりました。皆さんはなんとなく「スーパームーン＝大きな月」ということはおわかりかと思いますが、ではそれはなぜ起きて、どのくらい大きいのか、と問われるとなかなかよくわからないのではないでしょうか。

では、まずなぜそのような大きな月が見えるのかをご説明しましょう。

月は地球の周りを回っています。この月の軌道は、実は円ではなく、楕円なのです。つまり、地球から見ると月は近くにいるときもあれば遠くにいるときもあります。

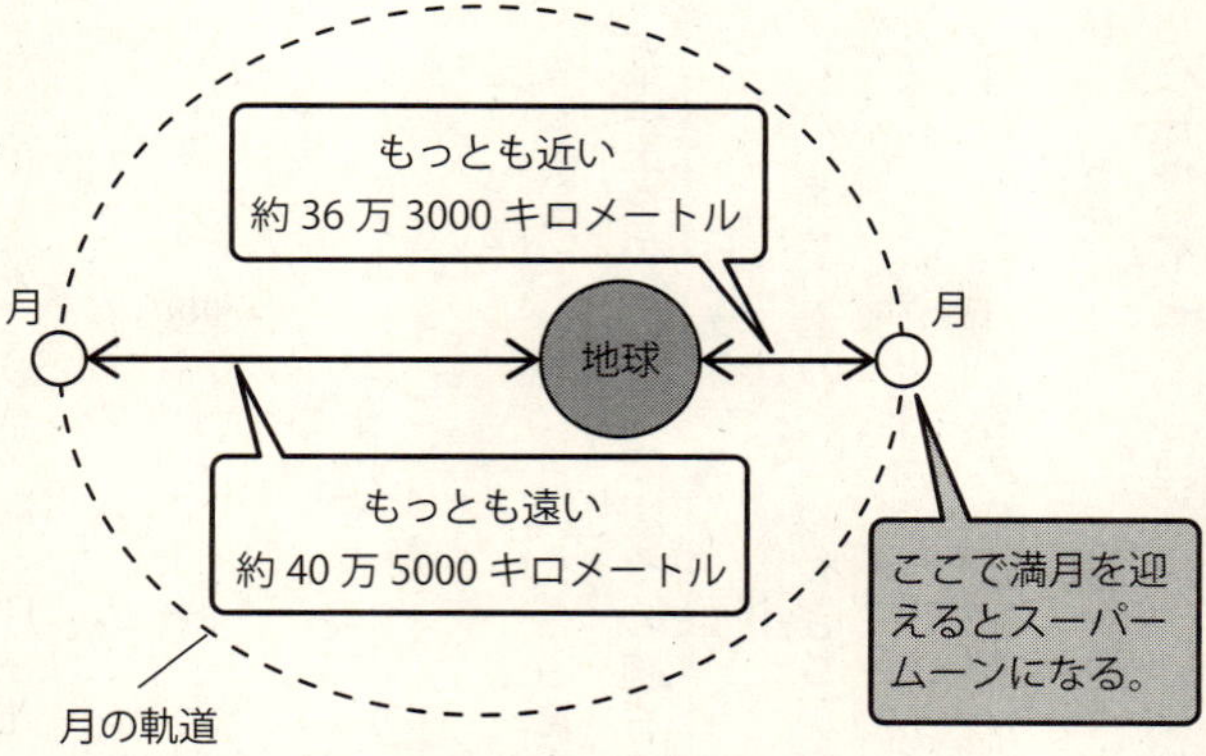

※上の図において月の軌道の離心率（楕円のつぶれ具合）は実際よりも大きく描いています。

月と地球の距離は平均すると約三八万四〇〇〇キロメートルです。一方、いちばん遠いときには約四〇万五〇〇〇キロメートル、いちばん近くなると約三六万三〇〇〇キロメートルとなります。

ただ、近いとき＝満月、とは限りません。月と地球の距離がもっとも短いときに月と地球と太陽がちょうど一直線上に並んで地球に近いところで満月を迎えると、大きな月が見える満月、スーパームーンとなるわけです。

では、スーパームーンのときに月はどのくらい大きく、また明るく見えるのでしょうか？

ＮＡＳＡが二〇一一年三月一九日のスーパームーンについて解説したウェブ記事では、その際のスーパームーンの満月は、地球から月がもっとも遠いときの満月に比べて一四パーセントほど大きく、また明るさは三〇パーセントほど明るくなった、とのことです。

確かに大きさは増すわけですが、では、その差を私たちは感じられるでしょうか？

まず大きさです。月の大きさを手軽に表すたとえとしてよく用いられるのが、「五円玉を手に持って、その腕をまっすぐ伸ばしたときの、五円玉の穴の大きさ」というものです。

この「五円玉の穴」の大きさが一四パーセント違うからといって、果たしてわかるか、というとなかなか難しいでしょう。さらにいえば、隣に比べられる小さな月があるわけでもありませんから、スーパームーンの日に出た月がいつもより大きく感じられたとしても、それは「大きい月が出ている」という情報をあらかじめ知った上での心理的な効果なのではないかと思います。

同じことは明るさにもいえます。三〇パーセントの明るさの違いとなると確かにかなり違いそうですし、実際私の周りの人でも「スーパームーンの月はやっぱり明るく見える」という人もいます。

ですが、これもまた「明るく見える」という情報を事前に知っていたことによる期待効果（心理的な効果）が少なからずあるのではないかと私は思っていま す。明るさは気象条件や大気の状態などでも変わりますので、必ずしも明るい月が見られるとは限りません。

スーパームーンは占星術からできた言葉

さて、この「スーパームーン」という用語ですが、そもそも天文用語ではありません。

もとをたどっていくと、実は占星術に行き着きます。占星術師のリチャード・ノールが、一九七九年に命名した言葉です。占星術は科学とは異なるものですので、天文学者はスーパームーンという用語は使いません。むしろ「近地点の月」

（ペリジー・ムーン）という言い方を好みます。

日本でこのスーパームーンという言葉が普及し始めたのはここ数年、二〇一〇年くらいからかと思います。おそらくは占星術（星占い）の影響もあるかもしれませんし、「月の癒やし」や「月光浴」などに代表される月のスピリチュアルな効果を信じる人が言い始めた言葉かもしれません。

ただ、地球に近いところにある満月が、他の満月に比べて特別な力を持つということは科学的には何ら証明されていません。信じる・信じないの問題になってしまいますが、月に特別な効果を求めるのではなく、素直に美しい月を美しいものとして受け止める方が私としては好きです。

Q ブルームーンやストロベリームーンってなんですか？

A ブルームーンでも青くない!?

スーパームーンの影響からなのか、「○○ムーン」という言葉を本当によく目にするようになりました。中でも代表格は、「ブルームーン」と「ストロベリームーン」ではないでしょうか。

まず、ブルームーンとは何か、ということから述べましょう。

文字通り、このブルームーンとは「ブルー」な「ムーン」、青い月を指します。以上、で終わってしまいそうですが、このブルームーンには実はもう一つの意味があります。一ヵ月のうちに二回満月がやってくることを指します。その満月が青っぽい色をしているかどうかは特に関係がありません。また、二回目の満月を指すことが多いともされています。

前にも書きましたが、月の満ち欠けの一周期は約二九・五日です。つまり、三〇日、あるいは三一日という一ヵ月の期間の中に二回の満月が入るということはかなり難しいことであることがわかります。そのため、「珍しいこと」の代表例としてブルームーンという言葉が使われることもあります。

このような表現が生まれたのには、青い月が見られることが比較的珍しい現象であることも影響しているようです。そもそも月が普通の黄色ではなくて別の色に見えるときは、大気中のチリや水蒸気などの影響があるようです。そのような条件下でたまたま青い月が見られるようであれば、これもまたかなり珍しいことだといえるでしょう。

ストロベリームーンはいちごから

一方、最近になってよく聞かれるようになった「ストロベリームーン」。筆者の感覚からすると、二〇一七年あたりからメディアなどを賑わせるようになったような気がします。

名前からして、ブルーではなく今度は赤い色ではないか、と考えたあなた、なかなか鋭いですね。

もともとはアメリカ先住民の月の呼び方からきた名称のようです。

ただ、必ずしもこのストロベリームーンが赤い色であるかというと、ブルームーンとは若干違い、そうではないようです。このストロベリームーンは六月の満月を指すのですが、この六月がちょうどいちごの収穫期であることからきている名称のようです。

もっとも、これもまた月そのものの色が関係しているという意見もあります。六月は大気中の水蒸気の量が比較的多いため、月の色が普段の黄色ではなく赤く見えるのではないか、とも考えられます。ただ、こちらについては場所や気候などによって変わるため、必ずしもそうとは言い切れない部分もあるのではないでしょうか。

また、六月頃の満月の高さが低いことも影響しているのではないかという可能性もあります。一般に地表付近で見る月は、地表付近の水蒸気やチリの影響を受けて赤くなる傾向があります。上空にもその影響が若干残っている場合もあります。そうすると、六月の満月が若干赤くなってもおかしくはないようです。ただ、繰り返しになりますが場所や気候の影響が大きく、「六月の月は必ずストロベリームーンで赤くなる」とは言い切れません。

なお、ブルームーンもストロベリームーンも、スーパームーンと同様、天文用語ではありません。いわれはどうあれ、月を楽しんで見ていただくのがいちばんだと、筆者は考えています。

Q なぜ地球からは月の同じ側しか見えないのですか？

A 月の自転と公転の周期が同じため

私たちが常に月の同じ側しか見ることができない説明としてよくいわれる「月が自転していないから」というのは間違いで、正解は「月の自転と公転の周期が同じ約二七日だから」です。

自転とは、天体が自分自身で回ること、公転とは、ある天体の周りを別の天体が回ることです。地球は約二四時間で一回自転しています（一日）。そして、太陽の周りを約三六五日かけて一回公転しています（一年）。

月はどうでしょうか。まず公転から見ていくと、月は地球の周りを公転しています（太陽の周りではありません）。

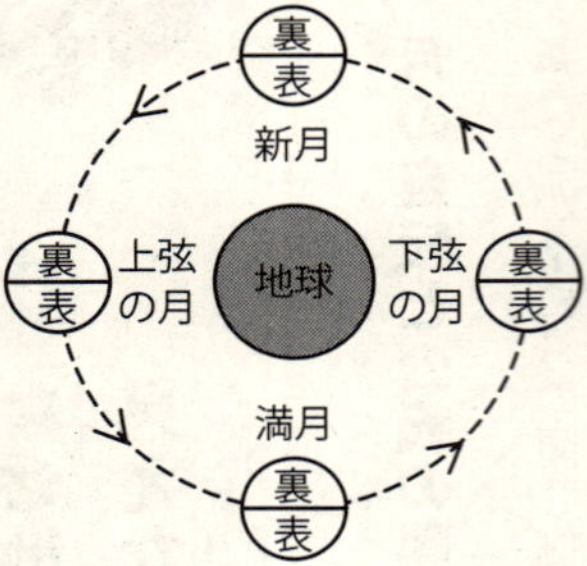

月が自転していない場合

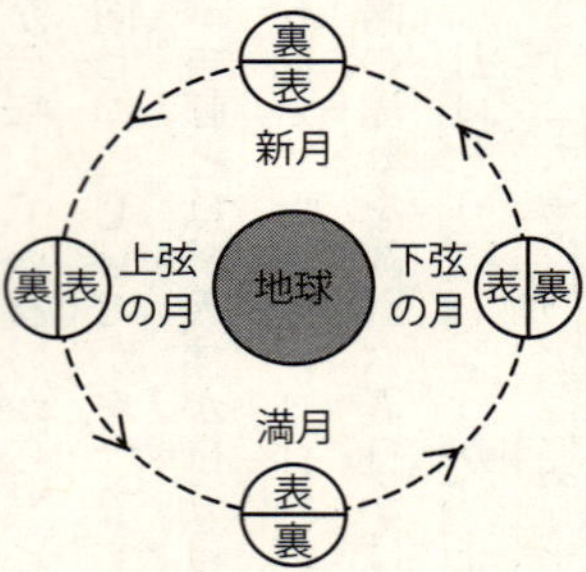

月が自転している場合

問題は月が自分自身で回っている「自転」についてです。

これは、言葉で説明するよりは図を見てもらった方がよいでしょう。

月がもし自転していないとします。

月と地球を上から眺めた図を見てみましょう。月がある地点（例えば、この図でいえば新月に当たる地点）から四分の一ほど地球の周りを回り、上弦の月にあたるところにきたときを考えます。このとき地球に向いている側が表側だとしましょう。

このとき、もし月が自転していないとすれば、月は宇宙全体に対して同じ方向を向いていますから、地球から見える月は四分の一ずれた場所、つまり表側と裏側とが半々で見える部分になります。

半分回って満月になったとすれば、地球側から見える月は裏側、ということになってしまいます。現実と合いませんね。

では、月の自転の周期が、公転の周期と一致している、つまり、月が四分の一公転すれば、月自身も四分の一自転するとしたらどうでしょうか。

同じように、四分の一進んだ場所、上弦の月のところを見てみましょう。月自身が四分の一回っているので、見えている側は表側で、新月の場所と同じです。

満月まで進んだら（つまり、半分回ったら）どうでしょうか。今度は月自体も半分回っていますから、これまた見えている側は表側、ということになります。

そうなのです、月自身が回る周期と、月が地球の周りを回る周期とがピッタリ同じなので、私たちは常に月の同じ面、つまり表側を見ているのです。

月と地球になって実験してみよう

「うーん、図でもやっぱりわかりにくい」という方、私がよく講演で行う、二人での実験を試してみるとよいでしょう。このときには一人が地球、もう一人が月になります。月になった人は、地球の役の人の周りを回ります。

自転していない場合には、月の役の人は常に同じ方向を向いていなければいけません。例えば、回り始めるときに地球役の人に顔を向けているとすれば、四分の一回ったところでは横顔になります。そして、半分回ったときには後ろ姿が見えているはずです。これではおかしいですね。

もし月の役の人が「四分の一回ったら自分も四分の一回る」というようにすれば、四分の一地球（の役の人）の周りを回ったときでも、地球（の役の人）には顔の正面が向いているはずです。二分の一回ったときでも同じように、地球（の役の人）の方向を向いていることになります。

二人いればできる簡単な実験なので、ぜひ、試してみてください。

Q 月はなぜ形を毎日変えるのですか？

A 太陽に照らされた月の面が地球との位置関係によって変わるから

よく小学校などで講演を行ってこういう話をすると、「毎日出てくる月が違うから」と答える子供がたまにいます。微笑《ほほえ》ましい答えではありますが、将来しっかりした大人になるためにも、本当の理由を知っておいた方がよいでしょう。月が毎日形を変えて出てくる理由は、月と地球と太陽との位置関係が原因です。

前項でも書きましたが、重要なので改めて繰り返しましょう。まず、地球は太陽の周りを回っています。そして、月は地球の周りを回っています。そのため、月に当たる太陽の光は、地球の周りを回っている位置によって少しずつ異なってきます。

忘れてはならないのは、月が光っている側は、太陽に面している側だ、ということです。このことをしっかり頭に入れておいてください。

まず、いちばん簡単な例、つまり、太陽・地球・月が一直線になっている場合を考えてみましょう。

このうち、太陽－月－地球の順番になっている場合は、月の明るい面は太陽の方を向いている一方、月の暗い面、つまり太陽の光が当たっていない面が地球の方を向いているため、地球からは月は見えません。この状態が新月です。

ここから月は少しずつ位置を変えていきます。新月の位置から少しだけ動いたとしましょう。月には太陽の光が当たっていますが、地球から見える位置は月の半分側だけです。ですので、月に光が当たっている側のうち、少しの部分しか地球からは見えません。このような状態が三日月です。

やがて、太陽と地球の方向から月が九〇度だけ離れた状態になったとしましょう。このとき、月の明るい側の半分が地球から見えることになり、このような状態が半月（上弦の月）です。

ここから先、月の中で太陽に照らされている面が次第に地球から広く見えてくると、満月に次第に近づきます。そして、太陽－地球－月の順番で一直線に並び、太陽に照らされている面が地球からすべて見えるようになったタイミングが満月です。

満月から新月に至る過程も同様で、今度は月の中で太陽に照らされている面が次第に狭く見えるようになってきます。そしてそれが半分になれば半月（下弦の月）、さらに細くなれば三日月となって、もう一度新月に戻っていきます。

明るく見える月でも、自ら光ってはいない

このような月と地球と太陽の位置関係は、図を書いてみるとわかりやすいですし、太陽役の光源と月役の明るい反射しやすい球、そして地球役の人で実験してみると、楽しく理解できるかと思います。

この図を見るとき注意しなければならないのは、地球は静止しているわけでは

ない、ということです。

地球は約二四時間で自転（自らがぐるりと回る）しています。一方、月は約二七日をかけて地球の周りを回ります。ですから、私たちがいる位置は常に変わっており、月が地球の周りを回るスピードよりはるかに早く一周しています。この点を忘れてしまうと、私たちがまるで地球のある一箇所からずっと月を眺めているように誤解してしまうケースがあります。

ところで、この話に関連してまたもや忘れてはならないことですが、月は自ら光っている天体ではありません。

自ら光を発する天体のことを「恒星」といいます。太陽系においては、恒星は太陽だけで、あとの天体はすべて、地球も月も金星も、太陽の光を受けて光っています。

月の光の話をしているとき、たまに「月は自分で光っている」と誤解してしまう人がいますので、その点も、注意してくださいね。

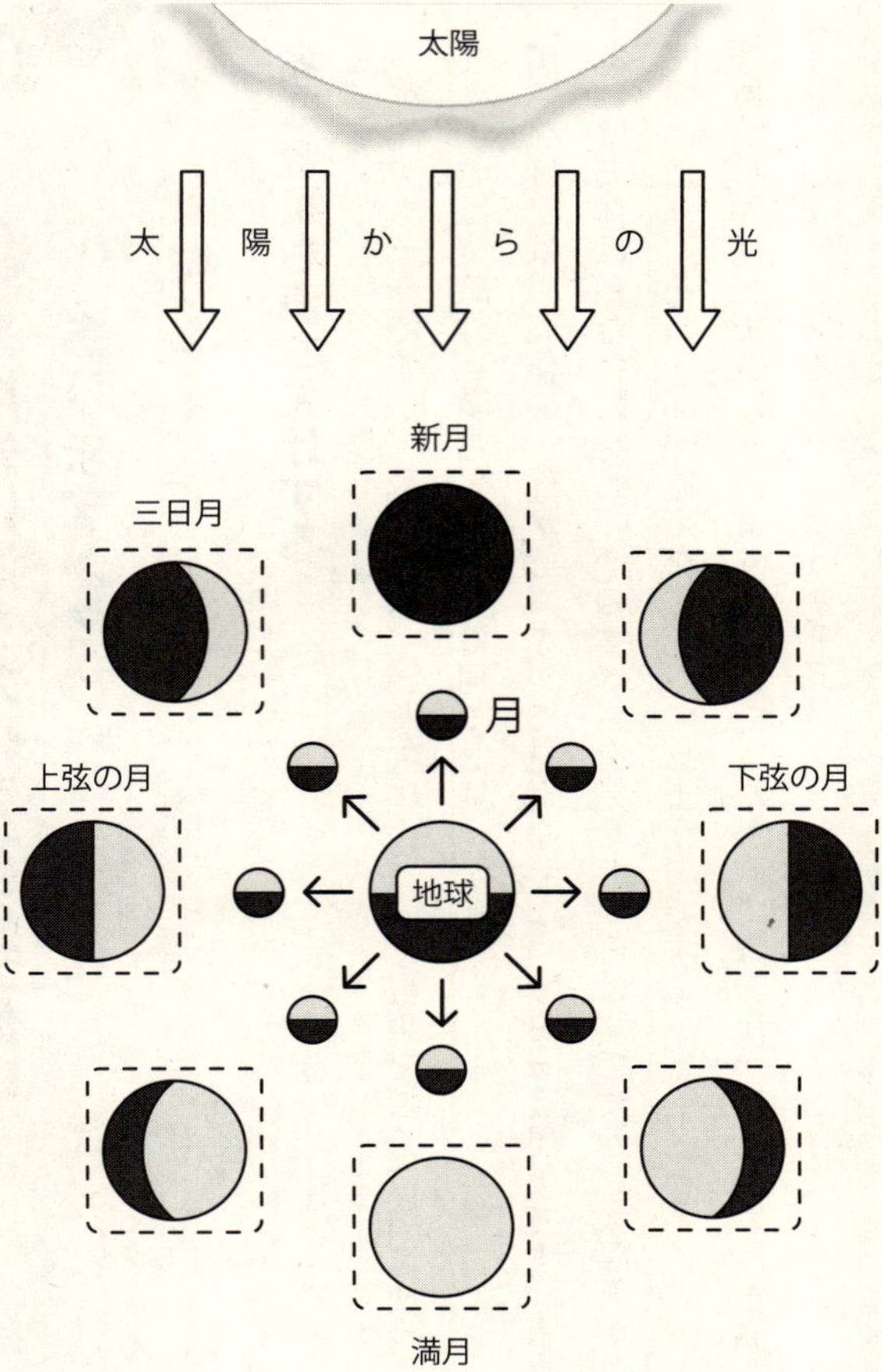
太陽
太陽からの光
新月
三日月
月
上弦の月
下弦の月
地球
満月

Q 月以外に満ち欠けをする天体はありますか？

A 実は金星も満ち欠けする

本書内でもそうですが、私たちは「満ち欠け」という言葉をごく自然に使っています。では、その「満ち欠け」とは何でしょうか？

満ち欠けとは、天体の一部が影になって見えなくなってしまう現象です。本来であれば天体は私たちに対してそのすべてを見せているはずですが、太陽との位置関係により、その一部が見えなくなってしまうのです。

月の満ち欠けはまさにそのような現象でしたが、では、ほかにそのような満ち欠けをする天体があるのでしょうか？

あります。代表的なものが金星です。

現在の中学の理科教育では、中学三年生で「金星の満ち欠け」を学びます。ですので、中学生から高校生のお子さんがいらっしゃる方には、金星の満ち欠けは比較的身近なものかもしれません。

金星は惑星です。しかも、地球よりも内側の軌道を回る惑星です（内惑星といいます）。

さて、その金星の運動を考えてみましょう。地球から見て金星がちょうど太陽の方向にある場合は二つのケースが考えられます。太陽と地球の間に金星があるケースと、太陽の向こう側に金星があるケースです。

前者の、地球と太陽の間に金星がある場合を内合《ないごう》、後者の、金星が太陽の向こう側にある場合を外合《がいごう》といいます。

内合の場合、金星に太陽の光が当たっている面は地球の反対側ですから、私たちは金星を見ることはできません。外合の場合は逆に、太陽の光が当たっている面が見えるので、金星をよく見ることができます（ただし、太陽が真正面にある場合には、太陽に邪魔されて見ることができないので、外合の前後、ということになり

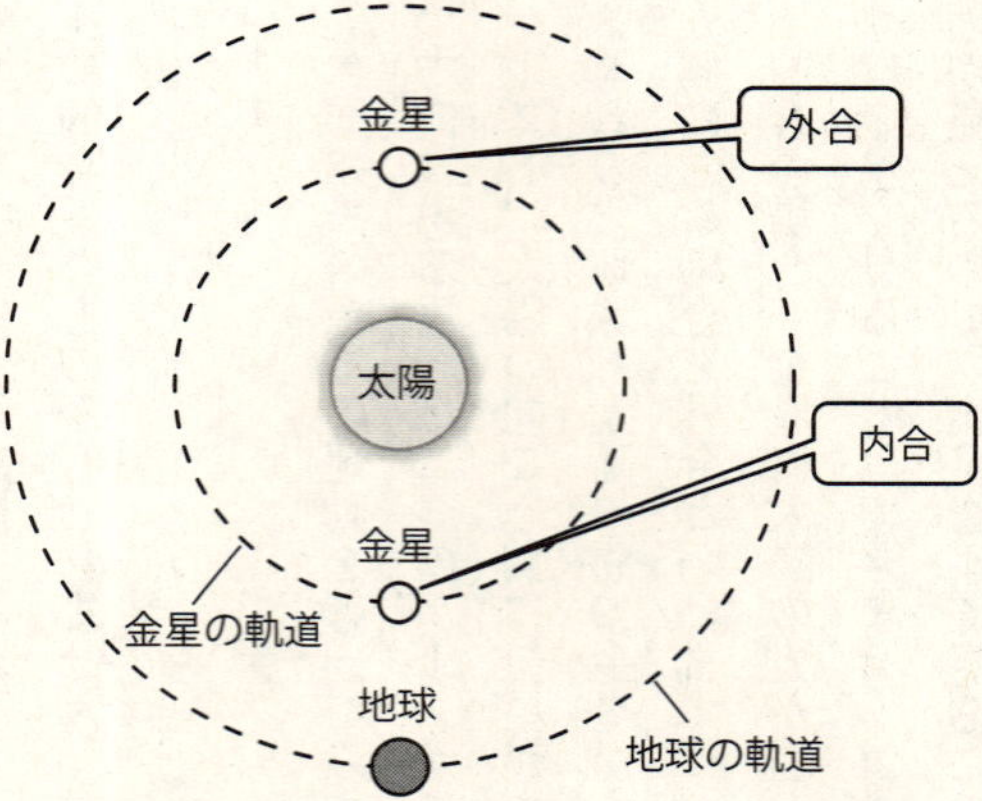

ます）。

さて、金星は地球と同じように太陽の周りを回っていますから、地球との位置関係は様々なケースがあります。もし外合に近いところの金星を見た場合には、ほぼ「満金星」のような金星を見ることができるわけです。

逆に、内合に近いところの金星は、太陽に当たっている面がほとんど地球と反対側になるため、かなりの部分が欠けた金星を見ることになります。

惑星の多くは、実は満ち欠けするが、観測が難しい

また、金星には、太陽が沈んだあとに見える「宵《よい》の明星《みようじよう》」と、太陽が昇ってくる前に見える「明けの明星」の二種類があります。

明けの明星の場合、太陽系を真上から見た図では、太陽と地球とを結んだ線から右側の方に金星があります。このため、太陽の光が当たる金星の左側が明るくなり、欠け方も、地球に近いところに金星がいるほど大きく、地球から遠いところになるほど小さくなります。金星の大きさ自体も、地球に近いところでは大きく、遠いところでは小さくなります。

逆に宵の明星の場合には、太陽と地球を結んだ線から金星が左側に位置することになります。このため、太陽の光が当たる右側の方が明るくなります。欠け方や金星の大きさは明けの明星のときと同じです。

地球より内側の惑星を内惑星、外側の惑星を外惑星といいます。金星と同じ内惑星である水星も満ち欠けをします。ただ、水星は非常に動きが速いだけでな

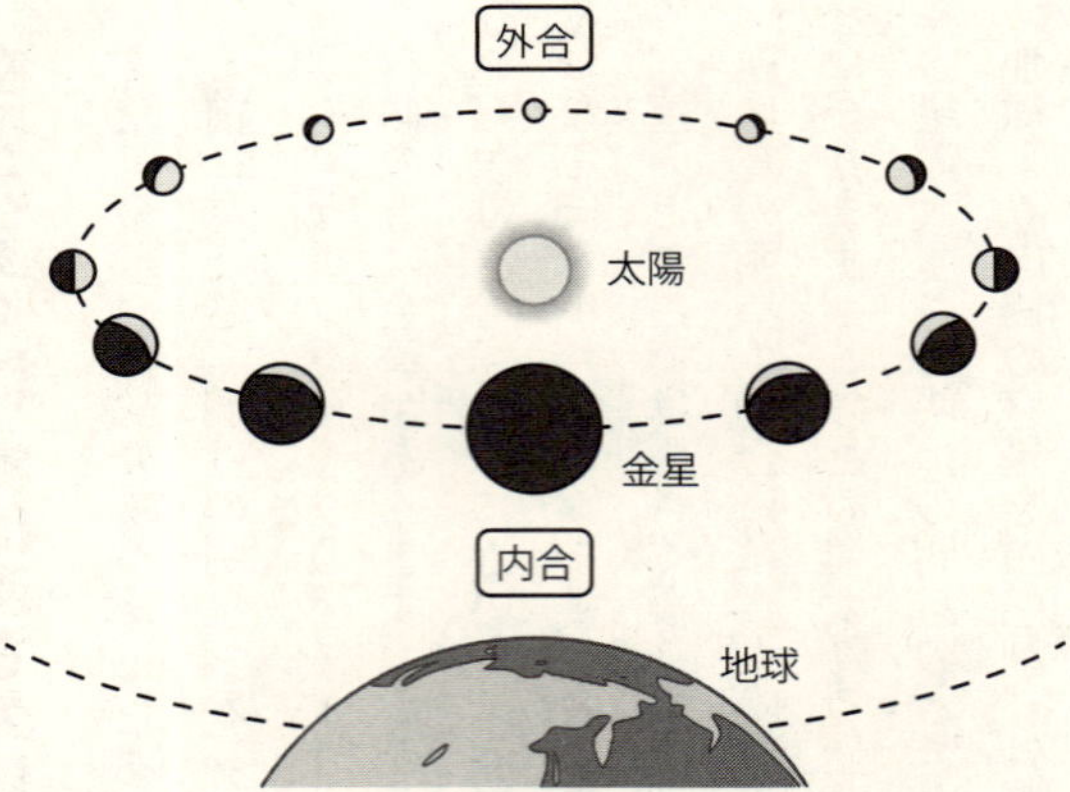

く、太陽のすぐ近くにあるために観測が難しく、さらに小さいため、満ち欠けを観測することはかなり難しくなります。

逆に、外惑星は満ち欠けをしないという教え方をしているところが多いようです。実際には太陽と地球と惑星の位置の関係でわずかながら欠けて見えるケースもありますが、遠くて小さいということもあって観測はなかなか難しいでしょう。

金星の満ち欠けは、太陽と地球と惑星の動きを学習する上でちょうどいい材料になるということで、理科教育に取り入れられているのかもしれません。

Q 月食はどうして起きるのですか？

A 地球の影に月が隠れて、太陽の光が部分的に届かなくなるから

まず、月食というのがどういう現象なのかをまとめておきましょう。しつこく繰り返しますが、月食は、月が地球の影に入って起きる現象です。月は地球の周りを回り、地球は太陽の周りを回っています。

いま私たちが太陽から地球と月を見ているとしましょう。太陽から見ると、月が地球の周りを回っていますが、太陽から見て地球の反対側に月が行ってしまうことがあります。

地球の反対側に月が行っているときには、太陽の光が地球でさえぎられ、影になった部分を月が通ることになる場合があります。必ずしもいつもそうなるわけ

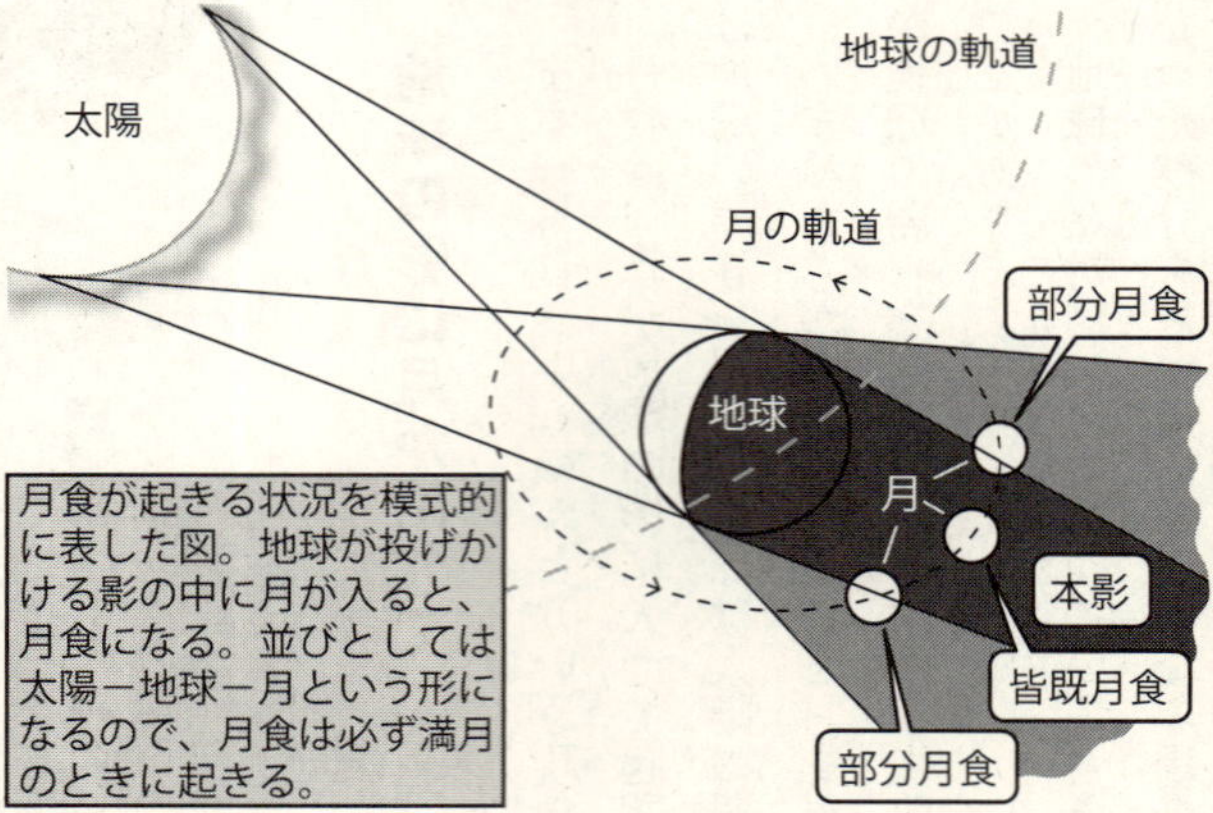

月食が起きる状況を模式的に表した図。地球が投げかける影の中に月が入ると、月食になる。並びとしては太陽－地球－月という形になるので、月食は必ず満月のときに起きる。

ではなく、月の軌道がその影になった部分を横切ることがあれば、そのときに月食として、我々が月を見ることになります。

図をご覧になるとよりわかりやすいと思いますが、太陽から見て月が地球の反対側にきているときに月食が起きます。

もし同じタイミングで月が地球の影に入っていなかった場合はどうなるでしょう。月は地球の夜の側（太陽の光が当たっていない側）にきており、しかも影に入っていないので太陽の光をまっすぐ受けています。つまり、満月です。このことから、月食は必ず満月のタイミングで起きることがわかります。

月食の月はなぜ赤い？

月食には、皆既《かいき》月食と部分月食の二種類があります。

地球の影のうち、太陽の光が完全に隠されてしまう部分（これを本影《ほんえい》といいます）に月全体が入った場合には、月が完全に隠されてしまうため、皆既月食となります。本影に月の一部だけが入った場合、その部分だけが欠ける部分月食になります。

日食をご覧になったことがある方は、太陽が完全に隠される様子をご存知かと思います。それに対し、月食のときにも空には赤い月が見えています。「あれ？月食だって言ってたのに、月が出ているじゃない」と思われる方も多いと思いますが、これには理由があります。

先ほど、「地球の影によって（月が）完全に隠される」と申しましたが、もう少し厳密にいいますと実はそうではありません。地球には大気があります。この大気の層で光が屈折し、本影の中に少しではありますが光が入ってきます。

このような屈折した光は、波長の長い光だけが残って赤い色が主になるため、そのような光で照らされる月は赤色に見えるのです。この原理は朝焼けや夕焼けと一緒です。月が全く見えなくなったり、満月のはずなのに欠けた月（あるいは徐々に欠けていってまた元に戻る月）を期待して月食を見て残念がる人もいらっしゃるようですが、普段とは違う赤銅色の月が空に輝く光景も、また非常に神秘的で美しいものだと思います。

今までの説明をご覧になった方はピンとこられるかと思いますが、月食は、月が見えていれば世界のどこからでも見ることができます。

日食の場合は、地球に月が落とす影が小さいこともあって、見られる場所、とりわけ皆既日食や金環日食が見られる場所はかなり限られますが、月食の場合は月が見られる限り必ず観測できますので、天気さえよければ比較的気軽に楽しめる天文現象だといえるでしょう。

Q 日食は月とどのように関係しているのですか？

A 月がなければ日食は起こらない

日食は、太陽が月の影に入ってしまい、地球から見えなくなってしまう現象です。つまり、月は太陽を隠すという、日食にどうしても欠かせない役割を持っているわけです。

地球から見て月が太陽を隠すためには、月の位置は太陽と地球の間でなければなりません。この方向にいるということは、月は常に地球に影になっている部分を見せているということになります。つまり、日食は必ず新月のときに起きるということです。

もちろん、新月のときに必ず日食が起きるというわけではありません。太陽を隠すために月が特別な位置関係にくることが必要で、それは新月のたびごとに起こるというわけではないのです。日食は年二回ほど発生し、世界のどこかで見ることができます。

日食という天文イベントで重要なこととして、「太陽と月の視直径がほぼ一緒」ということが挙げられます。

天体の見かけの直径のことを視直径といいます。大きな天体でも遠くにあれば視直径は小さくなりますし、小さな天体でも近ければ視直径は大きくなります。まさにこの理屈で、地球や月よりはるかに大きな太陽の視直径は、約一億五〇〇〇万キロメートルも離れているため小さくなり、月の視直径とほぼ同じになってしまうのです。つまり、日食で月が太陽をピタリと隠せているのは、この視直径が同じという偶然によっているのです。

もし月の視直径が太陽よりはるかに小さかった場合は、太陽の前を通る小さな天体が太陽の一部を隠す現象ということになります。このような、太陽の前を小さい天体が隠す日食が見られるのが火星です。将来もし人類が火星に移住すれば、日食を見るといっても、それほど心躍るような体験にはならないかもしれません。

一度は見てみたい天体現象

先ほど月と太陽の視直径は「ほぼ」同じ、と書きましたが、月の視直径は軌道により微妙に変わるため、そのたびに日食の形も変わります。月の視直径の方が太陽の視直径よりも少し大きい場合には、太陽全体を隠す皆既日食となります。逆に、月の視直径が太陽の視直径より少し小さい場合には、太陽の中に月が入ってしまう金環日食となります。視直径にかかわらず、月が太陽の一部を隠してしまう日食のことを部分日食といいます。

月の大きさは地球の四分の一ほどです。そして、月は地球から約三八万四〇〇〇キロメートルも離れています。このため、月が地球に落とす影の範囲はかなり小さく、日食（とりわけ皆既日食や金環日食）が見られる範囲はこの狭い範囲に限られてしまいます。また、月の影は地球上を時速三六〇〇キロという速さで移動していくため、日食が見られる時間帯は場所によって少しずつ異なります。

今では、いつどこで日食が起きるという予報が、各地の天文台や宇宙機関などから出されています。ただ、そこまで高い精度で日食を予想できなかった昔は、日食は突如訪れる恐るべき天体現象でした。それはそうでしょう。なんの前触れもなく世の中が真っ暗になってしまうのですから。このため、日食の予報は洋の東西を問わず、権力者、とりわけ権力者のもとで働いていた天文学者にとっては重要な仕事でした。しかしかなり以前から日食の規則性はある程度知られていて、中国では紀元前の頃から日食の予報が行われていたそうです。

日食は一度見ると取りつかれてまた見たくなるものだといいます。月と太陽が織りなす天体ショーを、皆さんも一度（以上）ご覧になってはいかがでしょうか。

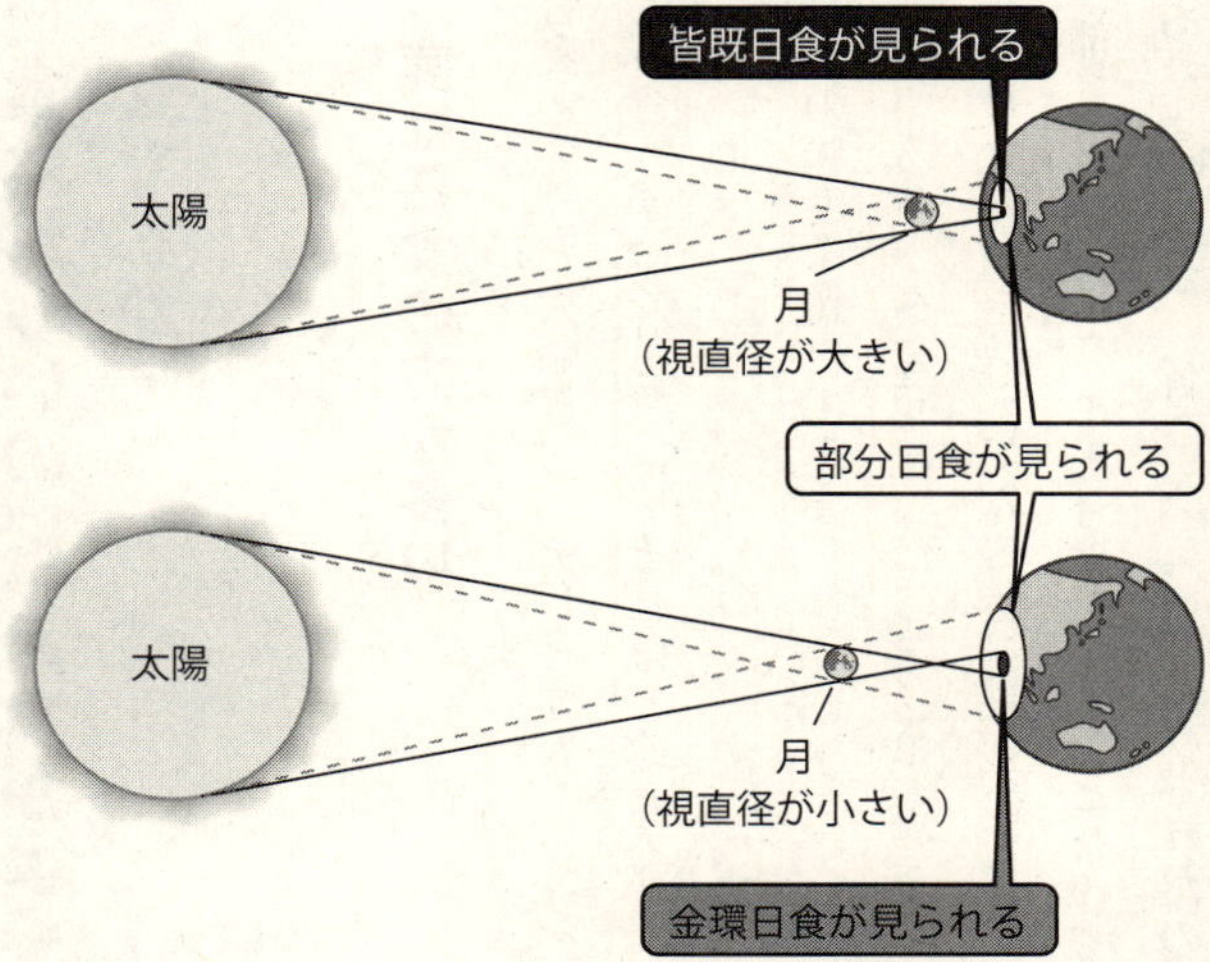
皆既日食が見られる
太陽
月
（視直径が大きい）
部分日食が見られる
太陽
月
（視直径が小さい）
金環日食が見られる

Q 日食は珍しいのに、月食がよく起きるのはなぜですか？

A 直感とは逆に、実は日食の方が多い

確かに私たちは日食というと大騒ぎし、テレビでもトップニュースになったりします。では、同じ「食」がつく月食は、それほど珍しくない天文現象なのでしょうか？

そこで、日食と月食の頻度を比べてみましょう。

NASAが公開しているデータを元に、二〇二〇年～二〇二九年に起きると予想されている日食及び月食の数を数えてみると、日食の数は二二回、月食の数は一五回（皆既月食・部分月食を計上。半影月食を除く）となっています。なんと日食の方が多いではありませんか。皆さん、びっくりされたのではないでしょう

か。予想と逆の結果になった方もたくさんいらっしゃるかと思います。

ではなぜ、日食が珍しいと感じるのでしょうか。

その大きな理由は、日食が見られる場所が極めて狭いからです。

日食は月の影が地球のごく狭い範囲に落ちることによって起きる現象です。その影の幅の部分だけで日食が見られますので、日食を見ようとするとその幅に入る場所に行かなければなりません。もちろん、部分日食などはより広い範囲で見られますが、やはり美しさからすると皆既日食や金環日食を見たくなるでしょう。そのためには見られる場所を調べ、そこへ行く必要があります。すなわち、希少性が高いともいえるわけです。

日食は月食に比べて、見られる場所が非常に限られている

一方、月食は月が見える場所であれば世界中どこからでも見ることができます。このような「希少性」の違いが、私たちにとっての珍しさの感覚と結びついているのではないでしょうか。

この希少性の違いは、報道などの違いにも表れています。日食、それも皆既日食や金環日食となると、その報道ぶりはすごいものがあります。日本でも二〇一二年五月二〇日の朝の金環日食の際には、ちょうど朝のワイドショーの時間帯だったこともあり、各局が一斉に日食を報道したものです（私もTBSテレビのスタジオに呼ばれて、みのもんたさんと日食を眺めました）。一方、月食でそこまで報道するテレビ局はあまりないようで、ニュースで少し触れるといった程度ではないでしょうか。

また、日食と月食の見え方の違いも影響しているかもしれません。日食、とりわけ皆既日食は、太陽が完全に隠されるため、明るさが劇的に変わったり「ダイヤモンドリング」と呼ばれる現象が見えるなど、普段とは全く違った世界が展開されます。金環日食でも太陽が大きく隠されるため、不思議な雰囲気を醸し出します。

一方で月食は月が完全に見えなくなるわけではなく、赤色（赤銅色）の月が空に輝いているため、食といっても月は見えています。このあたりで「あれ？ イ

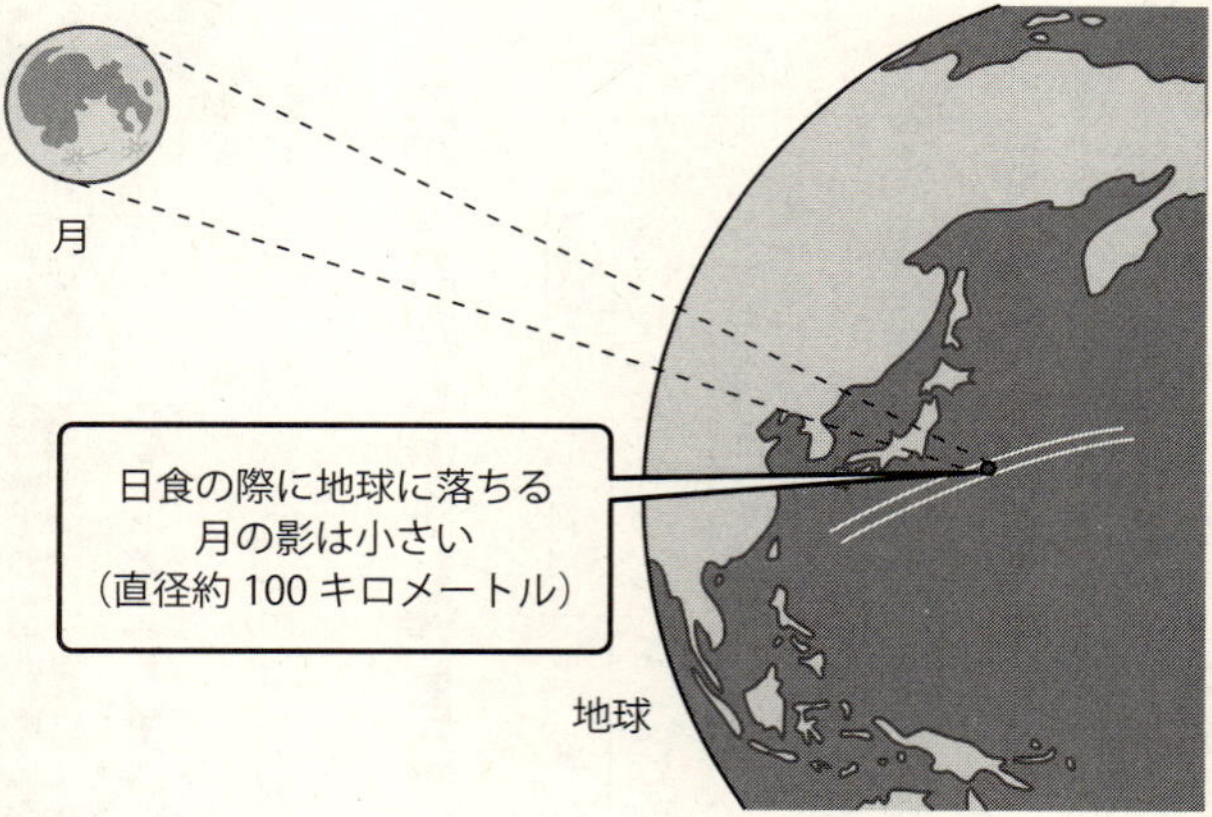
月
日食の際に地球に落ちる
月の影は小さい
（直径約100キロメートル）
地球

メージと違う」と感じる方も多いのではないでしょうか。

このように、日食と月食は珍しさの違いから扱い方が異なってしまうように思われますが、どちらも太陽と月、地球とが生み出す不思議な現象であることには変わりありません。日食と月食の頻度がそれほど変わらないということは、両方とも同じように珍しい現象なのだ、ということでもあります。これから日食や月食を見るときには、そのような珍しい現象を見ているのだということをぜひ心に刻んでおきましょう。

Q 西洋では月は忌み嫌われている そうですが、なぜですか？

A 英語で月から派生した言葉には「狂った」という意味も

日本や中国では「お月見」という行事があるように、月はどちらかというと私たちの生活に身近なものとして受け取られていたようです。

一方これが西洋ですと、どうもあまりいいイメージを持たれていないようです。

端的な例が、月から派生した言葉の数々です。

例えば、英語のlunaticという言葉。これは、月を意味するlunaという言葉から派生しているのですが、英語の辞書を引くと「狂った」「奇人の」「錯乱した」と、ものすごい意味が並んでいます。

なお、「月の」を意味する形容詞であるlunarは月についての普通の意味ですので、間違ってもこの両者を取り違えて使わないようにしてくださいね。

また、日本語でもよく使われる「マニアック」（maniac）という言葉、日本語の意味合いでは「何かに熱中している」「熱心な」といった（どちらかというと比較的肯定的な）意味で使われますが、これまた英語では「狂った」「狂気の」という意味があります。このmaniac、実は英語と共通の祖先を持つとされるインドの言葉、サンスクリット語で月を意味する単語要素「ma」からきています。

また、月と狂気という点でいうと必ずといっていいほど出てくるのが「狼男」です。そう、満月の夜に突如狼に変身する男性のことです。狼に変身するという話は古くはローマ時代から文献に登場しますが、中世以降は小説などにも盛んに登場するようになり、多くの人に知られるようになりました。

月が忌み嫌われたのは満ち欠けや明るさのため

月がなぜ精神の混乱などと結び付けられたかということに関してはいくつかの

説があります。

まず、月の満ち欠けの問題です。

月は約三〇日で満ち欠けを繰り返します。この満ち欠けは、最初は全く見えない月が次第に大きくなって満月となり、それがまた次第に小さくなってまた見えなくなる、その繰り返しです。これを同じ天にいる太陽と比べると、太陽は全く形を変えない（それこそ日食のような「一大事」でもなければ形が変わらない）のとは対照的です。

月が形を変えていくことは、人間の性格が移ろいやすいことと結びついた可能性があるようです。また、月の周期は、しばしば人間の一生（人の生命）にたとえられ、さらにその満ち欠けが繰り返すことは生命の復活とも結び付けられました。このような、生命のリズムを連想させる月の満ち欠けが、月自体に何か人間の精神を惑わせる力があると考えさせる理由だったのかもしれません。

また、狼男のように満月と結びつく場合には、その明るさが人々を逆に怖がらせた可能性もあります。

前にも触れましたが、満月の明るさは飛び抜けており、夜空をこうこうと照らします。普段は暗い夜空が、満月のときにはいつもとは全く違う明るさになります。今のように電気や明かりが普及していなかった昔であれば、その明るさは今の私たちが感じる以上に明るかったでしょう。

このような月の光は、太陽が「表」だとすれば月は「裏」であり、人間の心の裏側を照らす光、あるいは裏側を解き放つ神秘の力だと、古代の人々によって解釈されていたのかもしれません。

私たちは今でこそ月に足跡を記し、探査機を送り込んで、月のことをよく知っていますが、昔の人々は月に恐れを抱き、人間の精神に悪い影響を与えると恐れていたのです。そのような歴史があったことも忘れてはならないでしょう。

Q 月の模様は、日本では「うさぎ」ですが、ほかの国・地域ではなんですか？

A 「月＝うさぎ」のイメージはアジア全体に広まっている

日本では月の模様といえば「うさぎ」、もう少し細かく書けば「うさぎの餅つき」というイメージが一般的です。この月のうさぎですが、実は日本だけではなく、中国、さらには広くアジア圏一般に広まっているもののようです。

中国ではこのうさぎは玉兎《ぎょくと》と呼ばれています。このうさぎは月で餅ではなく、薬草（不老不死の薬）をついて粉にしているということになっています。

さて、このようにアジア全般にわたって広まっている「月のうさぎ」ですが、その由来をたどっていくと、どうやらインドの仏教伝説にたどり着くようです。

ここからアジア全体にうさぎのイメージが広まっていったと考えられています。

ちなみに中国の伝説では、月には「嫦娥《じょうが》」という女神が住んでいるとされています。この女神は地上で不老不死の薬草を盗み、ガマガエルに姿を変えて月へと逃れたといいます。月には薬草をつく玉兎がおり、そのうさぎと共に孤独に暮らしたとされています。

この伝説にちなんで、中国の月探査機は「嫦娥」と呼ばれています。そして、二〇一三年に打ち上げられた嫦娥三号に搭載された月面ローバー（探査車）は玉兎と命名されました。

また、中国ではガマガエル（嫦娥が月で姿を変えたものとされる）、カツラの木などを月に見立てる習慣があり、「月桂」という言葉はこのカツラの木のエピソードからきているとされています。

世界全体ではカニや女性、動物に見立てるところも

一方、世界全体では、月の模様はいろいろな形に見立てられています。

月の模様をカニと見る習慣は、ヨーロッパ、とりわけ南ヨーロッパに広く伝わ

っているようです。

同じヨーロッパでも、東ヨーロッパになると「横を向いている女性」となります。この女性の見立ては大西洋をはさんだ北アメリカにも伝わっています。女性といえば、「水を汲む女性」という伝承がカナダや北ヨーロッパなど、あちこちにあります。特にノルウェーでは、水を運ぶ男の子と女の子にたとえられているそうです。

動物にたとえる習慣もあります。南アメリカでは月の模様がワニに見えるそうです。また、アラビア半島地域では、月の模様はライオンが吠えているところとされます。

世界各地でこのようにいろいろな模様に見える理由は様々ですが、もとより月の模様をすべて同じものに見るということは古代ではなかったと思います。

星座を考えてみましょう。今でこそ私たちは「八八星座」という分類に従っており、星占いなどもこの星座で行われていますが、これらはギリシャにおける星座分類、さらに遡ればメソポタミア文明から生じたものです。世界各地にはそれ

うさぎの餅つき
（日本）

カニ
（南ヨーロッパ）

横を向いている女性
（東ヨーロッパ）

水を汲む女性
（北ヨーロッパ）

ワニ
（南アメリカ）

ライオン
（アラビア）

ぞれの民族により異なる星座が作られていました。

月の伝承もおそらくは同じような形で生じたのではないかと思います。その民族や宗教などで、世界の始まりなどを解説する神話において登場する人物や動物などが月の模様と結びついていったのでしょう。これは、ギリシャ神話などで星座と神話が結びついていったのと似たような経緯かと考えられます。

このように、月の模様が様々なものにたとえられたのは、遠い昔、月が私たちにとってより身近な存在であったことを示すものであるといえるでしょう。

Q 月で見える「地球の出」とは どのようなものですか？

A 月の地平線から地球が昇ってくる現象

「地球の出」とは、月の地平線から地球が昇ってくるように見える現象をいいます。地球の地平線から太陽が昇ってくれば「日の出」ですから、それになぞらえて名前がつけられた現象です。

私たちが月の表側にいるとしましょう。地球から月を見ると、月は地球に同じ面をいつも向けています。逆に、月の表側（地球に常に面している側）から地球を見ると、地球がある一定の位置にいつも見えることになります。

仮に私たちが表側の赤道付近、しかも中心部に立っているとすれば、地球はちょうど真上に見えるはずです。

では、だんだんと北、あるいは南に移っていくとどうでしょうか。少しずつ地球が見える角度が変わっていきます。そして極（南極及び北極）付近では、地平線すれすれに地球が見えることになります。

月の上空を飛行している宇宙船を考えてみましょう。地球が見えない月の裏側から月の表側へ飛行すると、次第に地球が見えてくることになります。その様子は、まるであたかも地平線から地球が昇ってきたかのように見えるため、「地球の出」と呼ばれるのです。

逆もまた真なりで、地球が見える表側から裏側に飛行すると、地球が次第に月の地平線へと近づき、地平線の下へと沈んでいってしまうように見えます。このような現象を、こちらは「地球の入り」と称します。

つまり、地球の出や地球の入りを見ようと思えば、月上空を飛行する宇宙船に搭乗しなければなりません。地平線すれすれの地球は南極や北極では見えますが、地球が月の地平線から昇ってきたり、地平線の下に沈んだりするような現象は見られません。

はじめて人類が地球の出を眺めたのは、今からちょうど半世紀前、一九六八年のクリスマスイブ（一二月二四日）のことです。アポロ八号に乗り組んでいた宇宙飛行士、ウィリアム・アンダースによって撮影されたものです。

アポロ八号のミッションは、月への有人着陸に備え、ロケットと宇宙船の性能を確認し、月を周回して地球に帰るという手順を確認するものでした。

荒涼とした月の地平線の上にポッカリと浮かぶ青く小さな地球は、私たちが住む星の貴重さ、美しさ、愛おしさを象徴する写真として、今でも非常に有名です。雑誌「ライフ」はこの写真を、二〇世紀を代表する一〇〇枚のうちの一枚に選んでいます。

そして二一世紀。日本の月探査機「かぐや」は、世界ではじめて、ハイビジョン動画で「満地球の出」を撮影することに成功しました。

満地球の出とは、地球の出のうち、地球が太陽の光を真正面に受けているタイミングで撮影された地球の出を意味します。このようなタイミングで地球の出を撮影するためには、太陽と地球、そして月が一直線に並ばなければならないばか

アポロ8号で撮影された地球の出の写真。月の地平線の上に地球が見える。

Photo: NASA

© JAXA/NHK

月探査機「かぐや」に搭載されたハイビジョンカメラで撮影された満地球の出（静止画に切り出したもの）。2008年4月6日（日本時間）に撮影。中央は太平洋、左下には北アメリカ大陸が見えている。

りか、撮影する探査機の軌道もこの一直線上にいなければいけません。「かぐや」の場合、それは年に二回しかないという大変貴重なものでした。

これに先立つ四月五日には、「満地球の入り」の撮影にも成功しています。「かぐや」は月の南極と北極の上空を通る軌道を飛行しているので（これを極軌道といいます）、同じ軌道条件で反対側から飛行すれば「満地球の入り」が撮影できるというわけです。

アメリカの月探査機ルナー・リコネサンス・オービターも、二〇一五年に地球の出を静止画で撮影することに成功しました。

いつの日か、人類が再び肉眼で地球の出を目撃する日がやってくることでしょう。それがいつになるのかは、まだわかりませんが。

第2章　月の素顔に迫る

Q 月はどのくらい大きいのですか？

A おおよそ地球の四分の一

月の大きさには、長さ（直径や半径）、体積、重さなどがあります。それぞれを順番に説明していきましょう。

まず月の大きさは、半径が一七三八キロメートルです。直径はその二倍、三四七六キロメートルです。数値をいわれてもピンとこない方には、地球の大きさが月の大きさの大体四倍くらいだ、というふうにご説明すればわかりやすいかと思います。

ただ、そうはいっても私たちは宇宙飛行士ではありませんから、地球と月を並べた大きさを比べることは難しそうです。

そこで、簡単に日本列島で比べてみましょう。

地図で調べてみたところ、稚内から長崎までの直線距離が大体一七三〇キロメートルで、月の半径に相当します。また、北方領土の択捉《えとろふ》島の最北端から、人が住んでいる島で日本最南端の沖縄・波照間《はてるま》島までの直線距離が三二七〇キロメートルということでしたので、月の直径はこの距離よりもう少し長いことになります。

このことを考えると、仮に月の直径と同じ円があるとしたら、日本列島をちょうどほぼすっぽり覆う（一部はみ出てしまうところはどうしても出ますが）ということになると思います。

次に体積です。半径がわかれば体積も出せますが、計算してみると、二・二×一〇の一九乗立方メートルです。一〇の三乗が一〇〇〇（「〇」がいくつ並ぶかを「乗」と考えてもよいでしょう）とすれば、とてつもない数値ですね。これでも、地球の体積の五〇分の一くらいです。二・二のあとに〇が一九個並ぶというわけです。

あまり意味はないかもしれませんが、東京ドームの体積で比べると、東京ドーム一七兆個分となります。

せっかくですので表面積も計算しましょう。表面積は約三八〇〇万平方キロメートルとなります。

日本列島の面積が約三八万平方キロメートルですので、これの約一〇〇倍ということになりますね。南北アメリカ大陸を合わせた面積が約四二〇〇万平方キロメートルですので、これよりも少しだけ狭いと考えると、月が意外と狭いことがわかるかと思います。

月は意外と詰まっていない？

重さはどうでしょうか。

月の重さは、七・四×一〇の二二乗キログラムです。この値も絶対にピンとこないと思いますので、比較でいいますと、地球の約一〇〇分の一です。他の惑星と比べてみますと、水星が月の五倍ほど、火星が一〇倍ほど、金星は約六五倍ほ

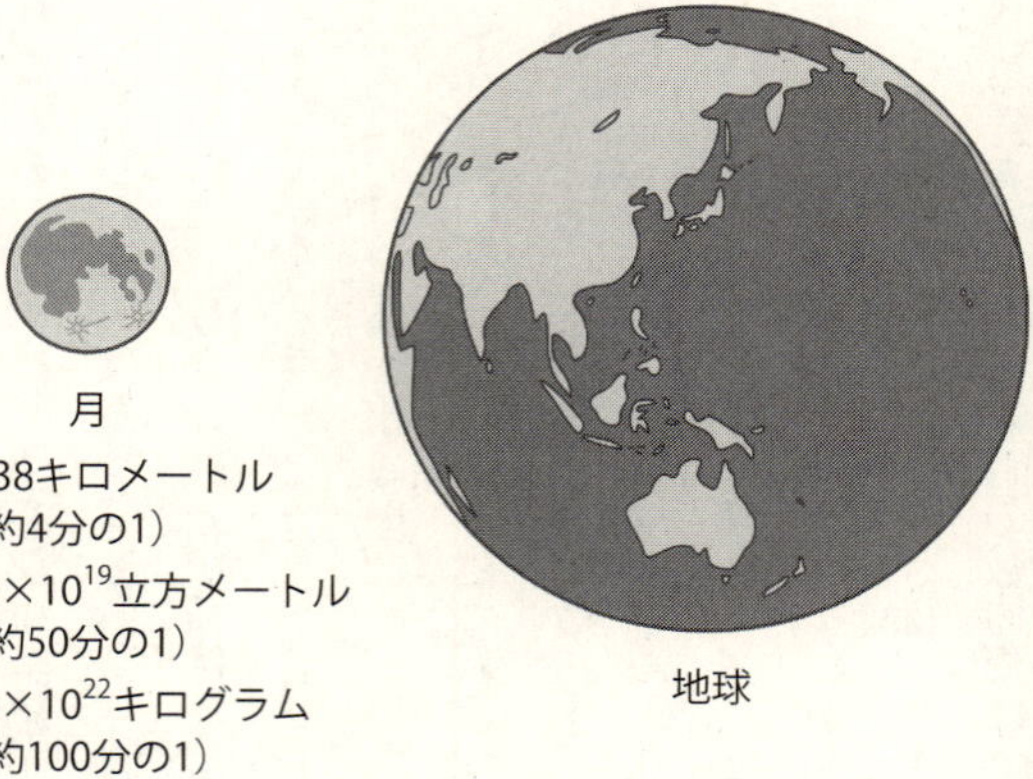

どとなっています。

重さと体積がわかると、平均密度が計算できます。

割りだされた平均密度は三・三四（一立方メートルあたりのトン数）となります。

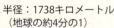

実は、この値はかなり意外な値なのです。例えば地球の密度は五・五一、金星は五・二四、水星は五・四三で、いずれも五を上回るかなり大きな値になっています。

一方、火星の密度は三・九三で、月ほどでないにしても地球や金星、水星などと比べるとかなり小さい値になっています。

月（や火星）がこのように密度が小さい理由はいくつか考えられます。まず、地球などの天体では、中心部に金属からなる核（コア）がありますが、月ではそれがない、あるいはあってもあまり大きくない可能性が考えられます。金属は非常に重いので、もし金属分が多ければもっと密度が大きくなっているはずです。そうなっていないということは、月の金属分が少ないことを意味しているようです。

また、月自体が小さいため、自らの重力で物質を圧縮しきれていない、ということも一因ではないかと思われます。要は「月の内部にものを詰め込みきれていない」ということでしょうか。皆さんが洋服などを旅行カバンに詰め込むとき、グイグイと圧縮すればたくさん入りますが、その分かばんは重くなりますね。大きな天体ではそのようにグイグイと物質が詰め込まれるのに対し、月ではその作用がやや少なかったのではないかと考えられます。

このような密度の小ささは、月のでき方とも関係していると考えられます。

このように、大きさの数値だけでもいろいろな科学的な議論が行えるのです。

Q 月に行くとしたらどれくらい時間がかかりますか？

A おおよそ三六万〜四〇万キロメートル離れている

月と地球の距離は実は一定ではありません。スーパームーンの項でもご説明しましたが、地球からもっとも遠くなる距離（遠地点距離）は約四〇万五〇〇〇キロメートル、逆にもっとも近くなるとき（近地点距離）は約三六万三〇〇〇キロメートルです。

月と地球の平均距離は約三八万四〇〇〇キロメートルとなっていて、この値を「月と地球の距離」と考えて差し支えないでしょう。以下、この距離を使って考えてみましょう。

まずこの距離間に地球（直径約一万二七四二キロメートル）を入れたとすると、

大体三〇個ほどになります。逆に、月（直径約三四七六キロメートル）を入れたとすると、間には一一〇個の月が入ることになります。

天体ではなかなかピンとこないかもしれませんので、もし身近な乗り物で月に行ったらどれくらいで着くのかという計算をしてみましょう。

まずは乗用車。時速一〇〇キロ（高速道路の速さ）で延々と走り続けたとしたら、三八四〇時間、つまり一六〇日かかります。かなり大変なドライブになりそうです。

では、新幹線ではどうでしょうか。せっかくですので、日本の最高速度を誇る東北新幹線「はやぶさ」の最高速度、時速三二〇キロで計算してみましょう。こちらでは一二〇〇時間、日に直すと五〇日となります。車よりはかなり速いと思いますし、新幹線ですので座席に座っていれば到着しますが、五〇日間座り続けるというのもなかなかの難行苦行になるのではないかと思います。

現在建設が進んでいるリニア中央新幹線ですと、時速五〇〇キロ。これでも月までたどり着くには七六八時間、三二日となります。

でも、やはり速い乗り物としては旅客機になるのではないかと思います。最新鋭のジェット機、ボーイング七八七の巡航速度は時速九一三キロメートル。これですと約四二一時間となり、一七日半で月へと到着できます。狭いシートではありますが、二週間強頑張れば月に行けるというわけです。

「いや、もっとスピードが欲しい！」という場合には、より高速で飛べる戦闘機で月に向かうというオプションも考えられますね。世界最速の戦闘機は旧ソ連（ロシア）のミグ二五でマッハ約三。現在のところではアメリカ軍のF－二二が時速一九六三キロ（マッハ一・六）で最速のようです。とりあえず両者の中間を取り、マッハ二（時速約二四七〇キロ）で飛行したとしましょう。これですと一五六時間、約六日半で月に到着できることになります。かなり現実的（？）な数字になってきましたね。

人類史上最強の大型ロケットでも月まで三日半かかる

もっとも、ここまで挙げてきた車や新幹線、航空機では月に行けないことは皆さんおわかりの通りです。月に行くためにいま私たちが唯一持っている手段はロケットです。

アポロ計画で使用された「サターンV《ファイブ》」という超大型ロケットは、人類史上最強の大型ロケットでした。これで打ち上げられたアポロ一一号は、人間を三人乗せ、約三日半かけて月へと向かいました。人類史上最強のロケットでも、人間を月に送るためにはそれだけの日数がかかるのです。

一方、無人の探査機ではこれより速いものがあります。地球から冥王星の探査に向かった探査機「ニューホライズンズ」は、打ち上げからたった九時間で月の軌道を横切りました。月・惑星探査機としては最速のニューホライズンズであれば、かなり現実的な時間で月へと向かうことができるというわけです。

もっとも、宇宙の広大なスケールからみれば月と地球の距離はほんのお隣同士のようなもの。皆さんはぜひ、地球の隣の惑星・火星（もっとも近づいたときで約五六〇〇万キロメートル）で同じ計算を試してみてはいかがでしょう。

Q 月はなぜ丸いのですか？

A 自分自身の重力に引っ張られて表面が丸くなる

天体が丸い（球体）のは当たり前、というのはつい最近までのことでした。私たちは小惑星探査機「はやぶさ」によって、小惑星イトカワという丸くない天体を目《ま》の当たりにしました。そら豆というかラッコというかピーナッツというか、なんとも形容しにくい天体の写真は皆さんもよく覚えていらっしゃると思います。

実は丸くない天体というのは太陽系にはかなりあるのです。土星や木星の衛星の中にも、丸くない天体というのはあります。例えば、写真にある木星の衛星アマルテアなどもそうです。

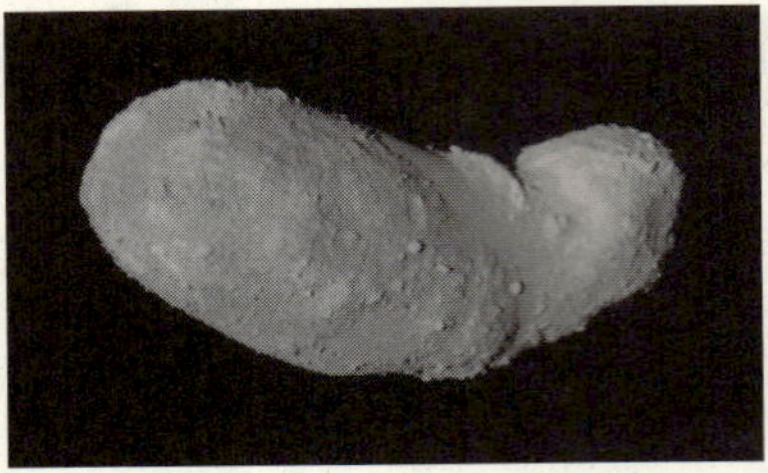

Photo: ISAS/JAXA

小惑星探査機「はやぶさ」が撮影した小惑星イトカワの形。そら豆のようにもラッコのようにもピーナッツのようにも見える、2つの塊がくっついたような形をしている。

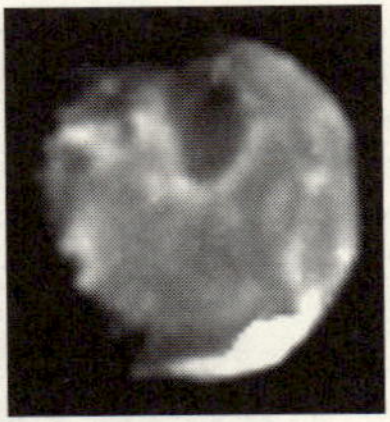

Planetary Photojournal
PIA02531, Photo: NASA

木星の衛星アマルテアの写真。もっとも長い部分で270キロメートルもあるが、いびつな形をしている。

では、これらの丸くない天体と丸い天体との大きな違いはなんでしょうか？

最大の違いは、その大きさです。

例えば、月は半径一七三八キロメートル「も」あります。それに対して、小惑星イトカワはいちばん長いところでもわずか五三五メートル（キロメートルではありません。「メートル」です）しかありません。アマルテアはいちばん長いところで二七〇キロメートルと、イトカワよりは大きいですが、月よりははるかに小さい天体です。

太陽系の天体は、今からおよそ四六億年前に誕生したと考えられています。岩石などが集まってできた天体は、大きければ大きいほど、自分自身の重力が強くなります。重力が強くなった天体は、さらに周りの岩石や小さな天体（微惑星といいます）を引き寄せて大きくなっていきます。こうして、いま私たちが見る太陽系の惑星や衛星などが作られていきました。

では、このようにしてでき上がったある程度大きな天体を考えてみましょう。こういった天体は、自分自身の重さで内部に引っ張る力、つまり重力がかなり強いのです。そうなると、岩などのでこぼこは重力に引っ張られてある程度ならされてしまいます。

丸、つまり球形というのは、中心から見てすべての表面が同じ力の重力で引っ張られているということを意味します。ある程度の大きさのある天体であれば、このように重力に引っ張られて全体に丸くなっていくのです。

実は月は真ん丸ではない

また、天体は岩石が集まって大きくなるにつれて、内部が溶けていきます。これは、中心にある天体に引き寄せられて集められる岩石のエネルギー（中心から見ると高さの違いなので、位置エネルギーといいます）が熱に変わった姿です。

もし天体がまるごと溶けてしまえば、その天体のいちばん自然な形は、すべての表面が同じ距離、同じ重力となる形、すなわち球形となるわけです。

月はおよそ四六億年前、できたばかりの地球に巨大な天体がぶつかってできたと考えられています（巨大衝突説。別項参照）。地球から散らばった破片はやがて集まって月を形成し、内部も表面もドロドロに溶けたと思われます。こういう状況であれば、球形になってしまうのは自然でしょう。

一方、そのような巨大衝突や集積を経験しなかった天体は、自身の形を保つことができ、不規則な形のまま残ったと思われます。小さな天体は重力も小さいですから、重力に対して自分の力で十分形を保てるわけです。イトカワやアマルテアはそういった天体ではないかと考えられています。実際、イトカワの重力は地球の一〇万分の一ほどしかありません。

では、丸くなるかどうかの境目はどのくらいか、といいますと、その天体がどのような物質でできているか（岩石なのか金属なのか氷なのか）で分かれますが、大体直径で三〇〇～四〇〇キロメートルくらいかと思われます。月や地球はそれよりも十分大きいので、丸い球形をしているというわけです。

ただ、月は厳密には完全な球形ではありません。自身が自転しているため少し赤道の方向に膨らんでいるほか、ごくわずかに地球の方向に出っ張った楕円形になっています。

Q 月には表側と裏側があるそうですが、どのように違うのですか？

A 月の表側にある平坦な海

「裏表のある人」というとあまりいい印象を持たれないかもしれませんが、月にはかなりはっきりとした表と裏があります。

第1章でも触れましたが、月は私たち地球に対し、常に表側しか見せていません。逆にいいますと、私たちがいつも見ている側のことを表側といい、私たちが直接見ることができない側を月の裏側と呼んでいます。

最近では探査機が非常に精度の高い写真を撮るようになりました。ここに掲載したのは、アメリカの月探査機「ルナー・リコネサンス・オービター」（LRO）が撮影した写真をつなぎあわせて作成された、月の表側と裏側の様子です。

月の表側

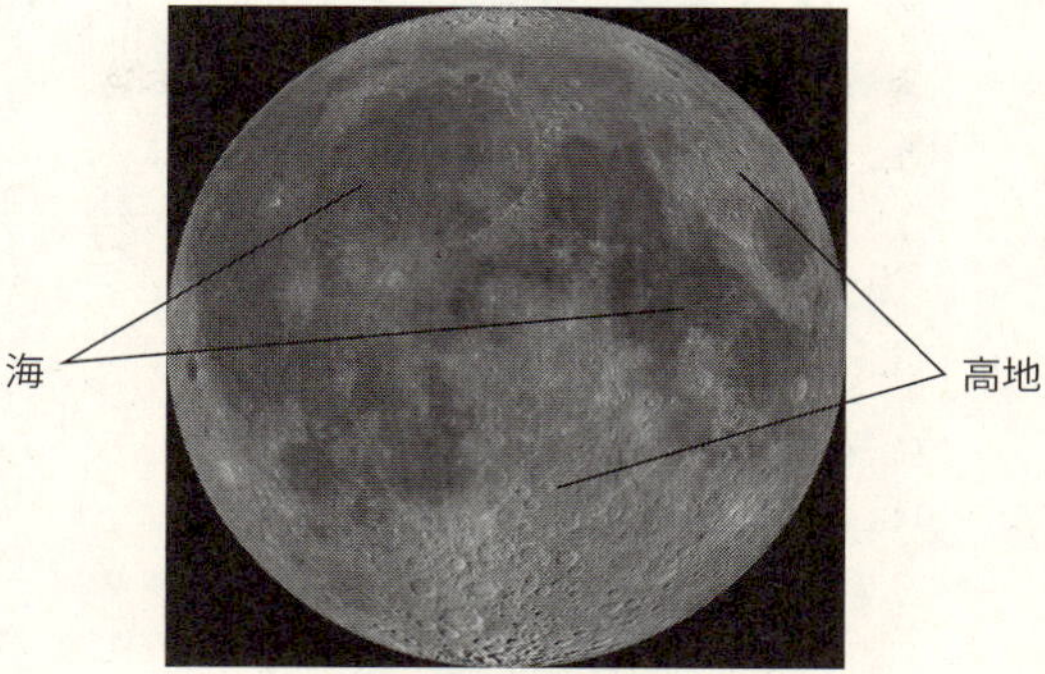

月の裏側

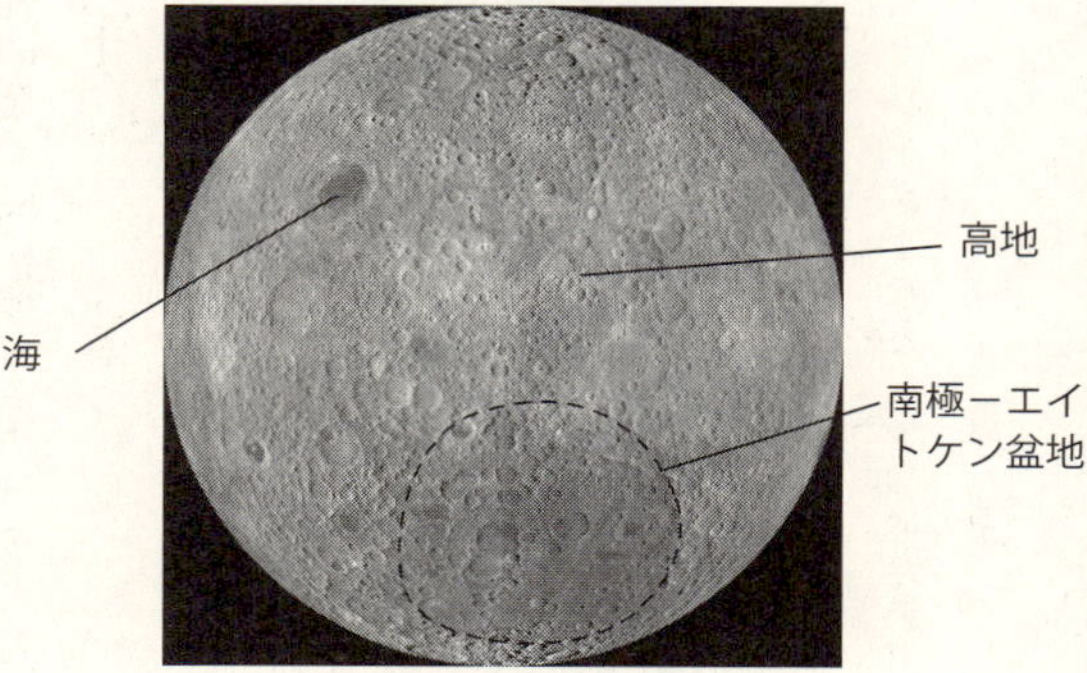

アメリカの探査機ルナー・リコネサンス・オービターが撮影した画像をつなぎあわせて作った、月の表側と裏側全体の画像。

Image: NASA/GSFC/University of Arizona, 出典 : http://lroc.sese.asu.edu/posts/298

LROは、最大精度五〇センチという極めて高精度のカメラを搭載しており、それよりも解像度が落ちるものの広い範囲を一度に撮れるカメラと合わせて、月の表面を文字通りくまなく撮影しています。

それでは、表側と裏側の特徴をそれぞれ見ていくことにしましょう。

まず、私たちがいつも見ている月の表側です。

月の表側でまず目につくのは、黒い部分が多くを占めているということです。これは「海」と呼ばれていますが、水はありません。その代わり、この黒い部分を作り出しているのは、玄武岩《げんぶがん》という溶岩（火山岩）です。

そのほかの白い部分は「高地」と呼ばれ、主に斜長岩《しゃちょうがん》という岩でできています。

月の表側の海の部分は非常に平坦です。アポロ宇宙船が着陸した際にも、平坦であることで安全性が確保できる（岩やクレーターなどが少ないため、着陸船がそういったものに乗り上げたりする可能性が少ない）ということもあって、アポロ宇宙船の多くが海の地域に着陸しています。

表側の海の面積は多そうにみえますが、面積比率でいうと三〇パーセントほどで、直感で感じるほど多いというわけではありません。

裏側には月の歴史が秘められている

一方裏側は、表側とは全く対照的な姿をみせています。

裏側にも海はありますが、表側と比べると黒っぽい部分が少ないことがわかります。比率にすると、海はわずか二パーセントしかありません。

その代わりに多いのが高地です。そしてこの高地にはクレーターがたくさんあります。そのことから、この高地の領域は月の非常に古い部分ではないかとも考えられています。

さらに最近の探査で、月の裏側は非常に起伏に富んでいることがわかりました。月の最高地点と最低地点は共に月の裏側にあり、しかも両者は割と近いところにあるということが、日本の月探査機「かぐや」の探査で確かめられました。

さらに、月の裏側の南側（南半球）には、直径二五〇〇キロメートルにも及ぶ巨大な盆地（窪み）が存在することがわかってきました。この盆地は「南極－エイトケン盆地」と呼ばれ、その名の通り、南極付近から、赤道近くにあるエイトケン・クレーターにまで及ぶ範囲です。つまり、月の半分を占めてしまうほどの巨大な盆地です。そして、これは古い時代、月に起きた巨大な天体衝突によってできたクレーターであると考えられています。

このように、裏側はドラマチックな月の歴史を反映した場所なのです。

なぜ月の表側と裏側がこのように大きく異なるのかについては、まだよくわかっていません。ただ、いろいろな天体では、ある側と別の側がまるで違う様子になっているということはよくあります。地球でも海が多い部分と陸が多い部分とに分けることができますよね。このような性質を「二面性」といいます。

どの天体にも二面性が見られるということであれば、それを生み出す共通のメカニズムがあるはずで、その解明が待たれます。

Q 月にある「クレーター」とはどのようなものなのですか？

A 火山？　衝突？　起源が謎だった地形

月の表面には、おわんやお皿のように穴が空いた地形をたくさん見ることができます。このように表面にたくさんあるくぼみのことを「クレーター」といいます。

このクレーターは、かつて小さな天体が月に衝突してできたものです。月に無数にクレーターがあるということは、それだけかつて（そしておそらくは数は少ないとしても今も）、月に天体などが衝突していることを意味しています。

クレーターの存在は、月にはじめて望遠鏡を向けたガリレオ・ガリレイも認識していました。彼が最初におわんのような地形を「クレーター」と呼んだのです。

長い間、この成因は「火山が起源である」という説と「天体の衝突が起源である」という説の二つに分かれて対立してきました。しかし、アポロ計画によって回収された岩などから、ごく小さい、顕微鏡でなければ見えないくらいの小さなクレーターが見つかったこと（これは火山ではありえません）、月で採取した鉱物の中に、高圧でできる鉱物があったことなどから、クレーターのほとんどが間違いなく衝突によってできたことが確かめられました。

ただ、クレーター「のような」地形は火山によってもできます。ですので、広い意味でのクレーターは、火山噴火によってできたおわんのような地形も含みます。

クレーターが衝突によってできるというのはわかったとして、ではなぜ、あのような形の地形になるのでしょうか。

クレーターから太陽系進化の過程がわかる

それは、例えば水面に水滴を落としてみるとわかりやすいでしょう。あるいは、小麦粉のようなものの上から小さな粒（ビー玉など）を落としてみてもいいかもしれません。

ものがぶつかると、相手側は凹《へこ》みます。ここまでは皆さん日常的によく経験していることかと思います。しかし天体衝突のように、高速、あるいは大きな物体がぶつかり、巨大なエネルギーが放出されるようなできごとではもっとすごいことが起こります。

まず、衝突された側の地面は衝撃波によって大きくえぐられます。そして地面を構成していた岩石や、衝突した側の物質は、衝撃波によって一気に熱せられ、数千度もの高温になり、液体になってしまいます。

物質がえぐられてなくなってしまったあとは大きな穴となって残ります。この穴がクレーターです。そして、周囲に破片が飛び散ってできる部分が縁となります。この縁は周囲の平坦な場所より少し盛り上がっているのが普通です。

物質が飛び散ってできた穴の底が液体のように跳ね返って盛り上がり、山のよ

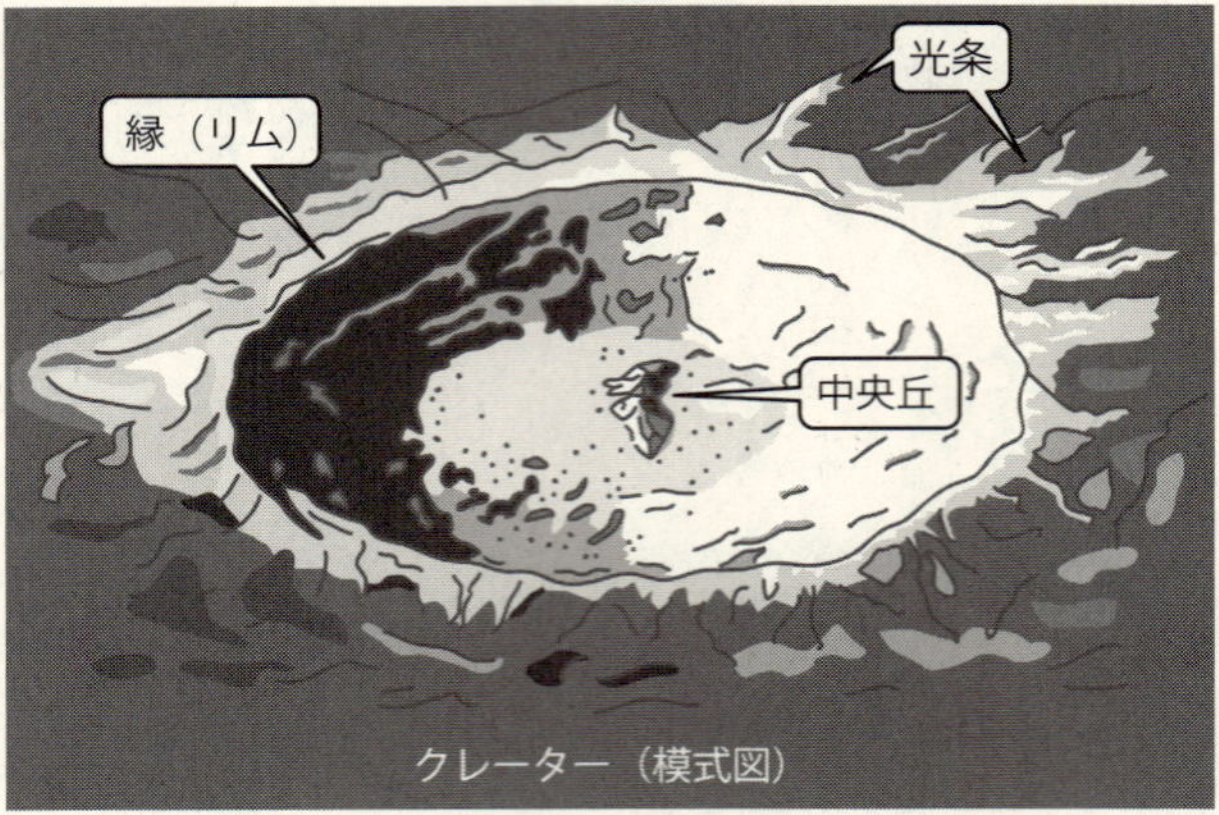

クレーター（模式図）

うになった場所を中央丘といいます。大きなクレーターではこのような山があることが多いようです。

クレーターから飛び散った破片は、周囲によく見えるような放射状の跡を残して飛び散ることがあります。この明るい放射状に伸びた筋を光条《こうじょう》といいます。光条がよく見えるクレーターは、比較的最近にできたクレーターです。

クレーターは、月だけにあるものではありません。むしろ太陽系のどんな（固体の表面を持つ）天体にもあると考えてよいでしょう。

例えば地球にもたくさんのクレーター

があります。アメリカ・アリゾナ州にあるバリンジャー・クレーターは、観光名所にもなっています。

ただ、地球には風が吹き、雨が降ります。地形は次第に侵食され、一旦できたクレーターも、何億年も経つと消えたりわかりにくくなったりしていきます。さらに、プレートテクトニクスの作用もあり、海にできたクレーターはプレートの上にある海底が潜り込んでしまうと一緒になくなってしまいます。

月にできたクレーターはその点、なかなか消えることはありません。昔のクレーターがそのまま残っていることが多いようです。

クレーターは、衝突現象を物語るというだけではなく、どのような天体がいつ衝突したのかを知る、太陽系の進化の貴重な証言者でもあります。

Q 月にはなぜ空気がないのですか？

A 月の重力が地球の六分の一しかないため空気を留めておく力がない

ご存知の通り、月には空気がありません。

では、なぜ地球には空気があり、月には空気がないのでしょうか？

空気とは何でしょうか？　空気とは、窒素や酸素といった気体が混じり合ったものです。

こういった気体は、ものすごいスピードで空間を飛び回っています。固体を構成している分子は互いに強く結びついていますが、気体の分子は速いスピードで飛び回っているのです。

このスピードは、温度と関係があります。そもそもこの「温度」という考え方は、分子の運動のスピードを表す尺度なのです。

さて、このような自由気ままな（？）空気中の分子をつなぎ留めているのは、天体の重力です。天体の重力が強ければ、分子が気ままな方向、例えば、天体から飛び出す方向に猛スピードで進んでいったとしても、それをつなぎ留めることが可能です。

地球や月は太陽に割と近いところにあります。ですから、太陽の熱に暖められて、大気中の分子は比較的速いスピードで運動しています。ただ、地球は大きいため重力も大きく、こういった速いスピードで運動する分子を捕まえておくことができます。そのため、地球ができて四六億年経った現在でも大気はなくならず、私たち生命を支えています。

月は地球の大きさの四分の一ほどしかありません。重力の大きさでいうと六分の一ほどです。つまり、空気の分子をつなぎ留めておく力は、地球の六分の一しかないというわけです。月にかつてあった（かもしれない）空気を構成する分子は、このような弱い重力を振りきって宇宙空間に出て行ってしまいました。このため、月はいまでは空気がない世界になってしまったというわけです。

天体の大気の有無は太陽との距離と天体の大きさが鍵

ある天体に大気があるかどうか、またその大気が薄いか濃いかは、天体の大きさや温度などの条件によって決まります。

金星には地球の九〇倍という濃い大気があります。金星は太陽に近いためより熱いのですが、地球と同じくらいの大きさを持っているため、大気をある程度つなぎ留めておけるようです。それでも上層からは大気が逃げていってしまっています。

火星は地球の半分ほどの大きさしかなく、やはり大気をつなぎ留めておくにはやや足りませんでした。ただ、地球よりも太陽から遠いことで温度が低いため、重力がやや小さくても大気をある程度はつなぎ留めておけます。ある程度、といっても、火星の大気は地球の一〇〇分の一ほどしかありません。

もっと極端な例は、土星の衛星、タイタンです。タイタンには地球の一・六倍ほどの濃い大気がありますが、月よりも少し大きい程度の大きさのタイタンにこれだけ濃い大気があるというのは非常に不思議なことのようにみえます。これは、タイタンが太陽から非常に遠く、マイナス一八〇度という非常に低温の環境にあるため、大気中の分子の運動がそれほど活発ではなく、タイタンくらいの重力でも分子をつなぎ留めておくことができるためです。

正確を期しますと、実は月には本当に薄いながらも空気（大気）があります。ただどれくらい薄いかというと、地球の大気の一兆分の一以下しかありません。このような大気の主成分はナトリウムなどで、おそらくは太陽からやってきた太陽風の成分が月の重力に捉えられたものと考えられています。月の科学ではこの月の大気の組成や起源も重要なテーマではあります。

ただ、この薄さを考えると、普通は「月に大気はありません」といってしまってもよいでしょう。月で人間が出歩くためには、呼吸するための空気を逃さないための宇宙服が必要です。

Q 月の表面はどのようになっているのですか？

A 月には「急」がつく地形はあまりない

アポロ計画のおかげで、私たち人類は月の表面に降り立って写真を撮ることができました。そのため、限られた場所（アポロにおける着陸点）ではありますが、月の様子が割とわかるようになってきています。

月の温度や表面の砂（レゴリス）については別の項をご参照いただくとして、ここでは月の地形全体についての特徴を見てみることにしましょう。

アポロ計画で撮影された月面の写真を見ると、全体に非常にのっぺりとした、丸みを帯びた地形になっていることがわかります。次ページの写真にはアポロ一五号着陸点とアポロ一七号着陸点の様子を示しましたが、その両方とも背景の山

Photo: NASA

アポロ15号着陸点周辺の様子。

Photo: NASA

アポロ17号着陸点の付近で、サンプル回収活動を行っているハリソン・シュミット宇宙飛行士。

は丸みを帯びていることがわかります。

もちろん、地球にもこのようなのっぺりとした地形はありますが、月にはあまり「急」がつくような地形はないようです。急坂、急崖など、極端な地形が少ないのが月の地形の特徴です。

では、なぜそのような地形になっているのでしょうか。地球との比較で考えてみましょう。

地球には液体の水があります。水は雨や雪となって地上に降り、川などを形成してやがて海へと流れ、海から水が蒸発して雲になり、再び雨を降らせるという水の循環を形成しています。

地表に液体の水が流れると、その作用で岩などを削り取っていきます。

「あれ？　そうすると地球の地形の方が、削られて平坦になることでよりのっぺりするのでは？」と皆さんお考えになるかもしれません。ところが実際にはそうではないのです。

水が地表を削っていくと、そこだけを細く削り取っていきます。例えば、私たちが峡谷美を楽しめるのは、川がそのように山や大地を細く削っていったからです。このように、水があることで、地球にはかえって険しい地形ができ上がりやすくなっています。

また、火山や地震などの活動も険しい地形を作り出します。火山の爆発によって吹き飛ばされた場所には、険しい崖で囲まれた噴火口ができます。もしマグマがすべて出ていってしまい、地下に空洞ができると、そこに地面が落ち込んで巨大な陥没穴、つまりカルデラができます。

地震があれば、断層が地表に現れる場合があります。同じ断層で地震が何回も繰り返されれば、断層は大きな崖として地表に現れます。

地震や火山の活動は、地球ではプレートテクトニクスという、地球内部のエネルギーが元になって生じる活動で起きています。つまり、地球の内部がまだ熱く、「生きている」ことによっても、険しい地形ができやすくなっているのです。

地球のような内部のエネルギー活動がない月

これに対して月にはまず、液体の水がありません。水が表面を流れて川を作る、といったこともありませんから、川や雨などによる侵食作用もありません。火山や地震の活動はどうでしょうか。月は地球に比べて小さく、自身に熱をあまり閉じ込めておけなかったため、急速に冷えてしまったと考えられています。おそらく三五億年前には主だった地質活動はほとんど終わってしまったのではないかと科学者の多くがみています。もちろん月にプレートテクトニクスのような活動が（今は）ないことは確かです。

月にも地震はありますが（別の項参照）、ほとんどの地震は小さいもので、月の地形に影響を与えるようなものではありません。

こうして、大昔にできた月の地形はそのままあまり変わらず、のっぺりとした形のまま残っているのです。そしてそこにクレーターができたりすることで、地球とは全く異なる景観が広がる世界になったのです。

Q 月の表面はどのような砂で覆われているのですか？

A 髪の毛の太さよりも細かい月の砂

皆さんもアポロ計画の写真や動画などをご覧になって、月面に宇宙飛行士の足跡がくっきりと残っていたり、ローバー（月面車）が豪快に砂を巻き上げて走っているシーンなどを覚えていらっしゃるのではないでしょうか。このことからも、月面が細かい砂で覆われていることがわかります。

この月面を覆っている細かい砂のことを、「レゴリス」といいます。

わざわざ名前をつけて「レゴリス」というからには、かなり特殊なものと想像できるかと思います。その通りで、レゴリスは月の「砂」や「土」とよく言われますが、地球上の砂や土とは全く異なるものです。

Image: NASA

これは人類が初めて月面を踏みしめた時の足跡の一つ。アポロ11号のオルドリン宇宙飛行士の足跡である。粒が非常に細かい月面の砂・レゴリスの上に、足跡がくっきりと刻まれている。

レゴリスは、直径が一〇マイクロメートル～一ミリメートル（一マイクロメートルは一ミリメートルの一〇〇〇分の一、一メートルの一〇〇万分の一）ほどの細かさの物質です。一〇マイクロメートルといわれてもおそらくピンとこないと思いますが、人間の髪の毛の太さが平均八〇マイクロメートルといわれていますから、ものによってはそれよりも細かな物質が月面を覆っているということになります。

なお、地球上における砂とは、直径が六二・五マイクロメートル～二ミリメートルのものを指します。レゴリスと一部重なる領域もありますが、全般的にレゴリスの方が細かいことがわかります。

さらに地球の砂と大きく異なるのは、レゴリスは全般に角張っているという点です。これは、レゴリスのでき方と大きく関係しています。

レゴリスは、月面に天体が衝突した際に飛び散った破片や、溶けて広がった物質が冷えたものなどからできています。レゴリスの中には丸みを帯びたガラス分でできたものも含まれますが、このようなものは衝突時に溶けた物質が固まったものと考えられています。

一方、地球の砂のでき方をみてみますと、石や岩などが温度変化や雨（水）の作用などで細かく砕けたあと、川や風などにより運ばれることによって小さく、細かくなっていったものが多くを占めます。その過程で砂同士、あるいは砂と岩や石などがこすれ合うため、砂粒は丸みを帯びることが多いようです。

小さいけれど厄介な「レゴリス」

この、レゴリスが小さくて比較的尖っているという性質は、これから先月面に多くの宇宙飛行士が降り立つときに大きな問題になる可能性があります。

一つは、機械などに入り込んでしまう可能性です。ローバーや着陸船などを動かす部品にレゴリスが入り込むと、機械の動きを妨げてしまい、最悪の場合動作不良を起こすかもしれません。レゴリスは小さい物質ですから、小さな隙間からも入り込んでしまう可能性があります。

また、宇宙飛行士にとっては、レゴリスを吸い込んでしまうことにより健康被害を引き起こすおそれも考えられます。レゴリスは一度吸い込んでしまうと肺などにとどまってしまい、病気を引き起こしかねません。今後有人宇宙活動が本格化するときに備え、このようなレゴリスの性質を研究しておくことが必要です。

ところが、研究しようにも私たちはそう簡単に月のレゴリスを手に入れることはできません。そこで、地球上で月のレゴリスを模したものを作るという方法があります。これを「模擬レゴリス（レゴリスシミュラント）」といいます。

模擬レゴリスは、一般的には月の溶岩の性質に似た地球上の火山岩（例えば日本であれば富士山の溶岩）を非常に細かく粉砕し、場合によっては月の成分に近くなるように成分を調整して作ります。模擬レゴリスは、月面ローバーの試験などに役立てられています。

ところで、もしレゴリス（月の砂）で砂時計を作るとどのようなことになるでしょうか？

レゴリスはかなり尖った形をしています。そのため、落ちようとしても互いにからみ合ってしまい、砂時計の狭い部分をなかなか通過してくれません。そのため、砂時計を作っても砂が落ちにくいのです。

このような変わった砂時計は、模擬レゴリスで作ったものを、ＪＡＸＡの筑波宇宙センターの展示施設で見ることができます。機会がありましたらぜひ訪れて、不思議な砂時計を体験してみてください。

Q 月には海があるのですか？

A 黒っぽい玄武岩を海と勘違い

月に関する講演などで、「月には海と高地と呼ばれる場所があります」という話をしますと、「え、月には水（海）があるんですか⁉」とびっくりされる方がいます。残念ながら、月には水をたたえた海はありません。

しかし実際、月には「静かの海」「危難の海」さらには「嵐の大洋」というように、海のつく、あるいは海に関係した地名がたくさんあります。なぜなのでしょうか？

月の表側と裏側に関する項でも一部述べましたが、月の「海」と呼ばれる場所は、月の表面《ひょうめん》で黒っぽく見える部分を指します。私たちが「月にうさぎがいる」、つまり月の模様がうさぎのように見えると言ったとき、そのうさぎを形作っている黒っぽい部分のことを海といいます。

対照的に、白っぽい部分のことを「高地」または「陸」といいます（「高地」ということが多いようです）。

月の海は、今から四〇億年ほど前に起きた大きな衝突によってできたと考えられています。大きないん石、あるいは天体が次々に月に衝突し、その影響でマグマが地表に出てきて静かに広がり、溶岩がクレーターなどを埋め尽くして、今のような海ができたと考えられています。

月の海は、主に「玄武岩」といわれる岩石でできています。玄武岩は実は地球上の火山からも噴出します。日本でも、富士山や伊豆大島の溶岩などが月の海にある溶岩に近いといわれています。岩石が全体に黒みを帯びていることから、月の海は黒っぽく見えます。

一方、高地を形作るのは「斜長岩」といわれる岩石です。この斜長岩は地球上ではあまり見かけません。斜長石という鉱物を主体にして作られている岩石です。この斜長石が全体に白っぽいことから、月の高地は白く見えるのです。

命名した当時は、月も地球と似たような場所と思われていた

さて、このような地形に「海」という、月にない（最近は月の水が話題ですが、さすがに海や沼はありません）地形の名前がついた理由ですが、これは古い歴史に遡る話なのです。

最初に月の黒っぽい部分を水が溜まっている「海」だと考えたのは、「ケプラーの法則」で有名な天文学者、ヨハネス・ケプラーであったとされています。そして最初に月に望遠鏡を向けたイタリアの科学者ガリレオ・ガリレイも、黒い部分は水が溜まっている場所だと考えていたようです。

その後、何人かの科学者が、月を詳細に観測するようになりました。そして、月の地図も作られるようになりました。地図があれば「あそこの黒いものが凹《へこ》んだところ」とか「月の上の方にある白っぽい丸いところ」などという曖昧《あいまい》な指定をする必要がなく、みんなが同じ場所を同じように示すことができるようになり

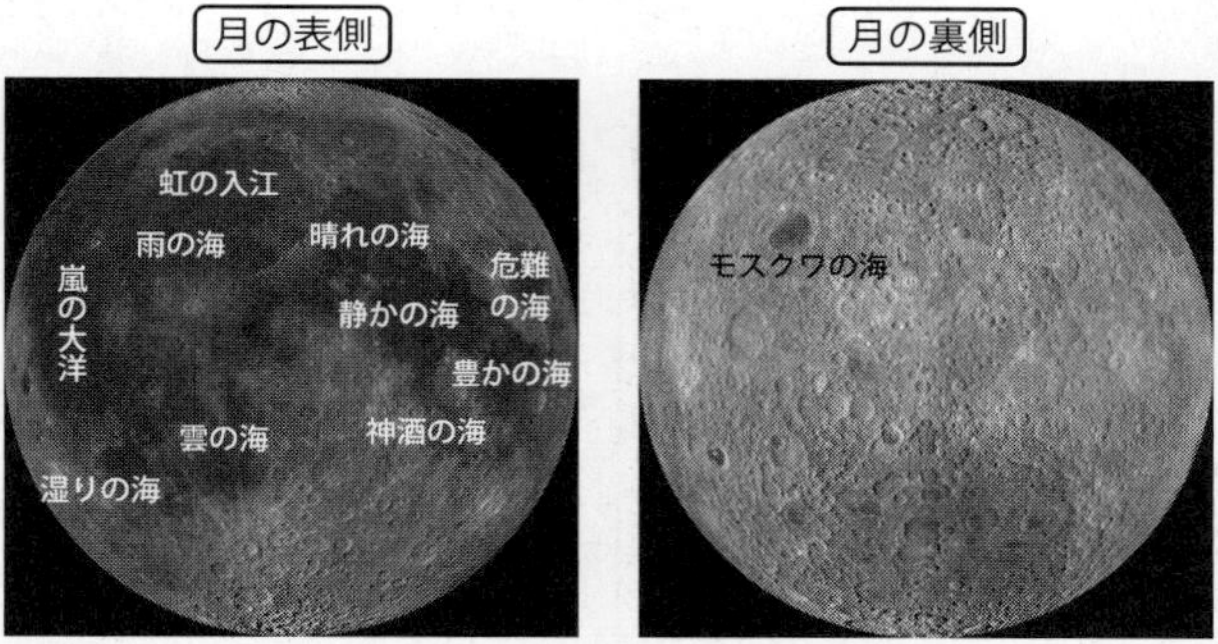

代表的な月の「海」の名前

Image: NASA/GSFC/University of Arizona

ます。

一六四五年、オランダ（正確にいえば今のオランダ・ベルギー・ルクセンブルクの三つの国に相当する「ネーデルランド」）の天文学者ラングレヌス（ラングレンとも）は、はじめて、月の詳細な地図を作りました。このときすでに、月の表面には「海」や「大洋」といった地名がついていました。

さらに一六五一年、イタリアの天文学者・哲学者のジョバンニ・リッチオリは、体系的な月の地図を作りました。このとき、それまでの考え方にならって、月の黒い部分を「海」として命名しました。さらに、黒くてかつ狭い場所については「沼」「入江」などという、より狭い場所を表す地名をつけました。

当時の望遠鏡や肉眼での観察力では、月の海が玄武岩でできているなどということはとてもわかるものではありませんでした。当時の知識であれば、月は地球と似たような場所で、黒っぽい部分は水をたたえている場所だと考えたのは仕方のないことでしょう。

そこに水がないことがはっきりとわかった現在でも、そのような過去の経緯から、月の黒っぽい場所を「海」と呼んでいるのです。

Q 月の中身はどのようになっているのですか?

A 月の構成物質から月の中心を調べる

卵の中身を知りたい（例えば黄身の大きさとか）、あるいは、卵に限らず中が見えないものの中身を知りたい場合、あなたならどうしますか?

例えば、卵を振ってみる（そっとやった方がよいでしょう）、重さを測ってみる、軽くこんこんと叩いてみるなど、いろいろな方法が思いつきます。

地球や月のように大きい天体の中身を知る方法も、基本的にはこういった卵の中身を知る方法と一緒です。実際地球や月の中は直接見ることができませんし、ドリルなどで掘っていくことは今の技術では到底不可能なことです。

そのため、重さを計算してどのようなものでできているかを推定することができます。また、地球や月では軽く叩く役割を果たすものが地震となりますが、この地震波の伝わり方を調べることで、かなり詳しく中身を知ることができます。また、天体がどれだけの力で中心に向けて引っ張っているかという、引力（重力）の強さを調べることで、内部がどのくらいの重さの物質でできているのかを知ることができます。回転の様子を調べるという方法もあります。こういった手法を組み合わせて、見ることができない天体の中身を調べることができます。

このような月の内部構造も重要ですが、一方で月がどのような物質でできているのかを知ることが必要です。そのためには、月の材料となった太陽系の初期の物質がどのようなものであったかを調べなければなりません。

いまの地球や金星といった大きな天体では、その頃の物質は溶けてしまってみつからないのですが、小さな天体、例えば小惑星であれば、その頃の物質が残っているかもしれません。こういうことを目的にして、小惑星に向かったのがあの「はやぶさ」です。

地球も月も、材料となった物質は比較的似通っていると考えられています。地球の構成物質の組成はよくわかっていますから、月の重さ、あるいは密度などから、その物質がどのような割合で存在するのかを推定することができます。

月にも地殻、マントル、コアが存在

一方、より直接的に調べる方法は、月の地震を調べることです。

アポロ計画では、月に地震計を運び、数年間連続して観測を行いました（第３章もご参照ください）。ここで捉えられた月の地震の波を調べることで、内部に地震波を反射する層があるのか、地震波の速度がどれくらいなのか、といった情報を得ることができました。

一九八二年、テキサス大学の中村吉雄先生を中心としたグループは、アポロ計画の地震計が捉えた地震波を解析して突き止めた月の内部構造を発表しました。それによると、月はまず表面に薄い地殻があり、内部には三層からなるマントルが、奥の方にはコアが「あるかもしれない」という結論でした。

皆さんご存知の通り、地球は地殻、マントル、コア（外核と内核）という構造に分かれています。月も地球と同じように、ある程度層を成した構造になっているという結論になったのです。

その後、無人探査機による探査が進み、特に重力を極めて詳細に調べることで、より細かい月の内部構造が明らかになりました。こういった重力探査は、日本の月探査機「かぐや」をはじめとしていくつかの探査機で行われ、その結果さらに細かい構造がわかってきました。

二〇一五年一二月、国立天文台の松本晃治博士を中心としたグループは、月の新たな内部構造のモデルを発表しました。このモデルは、アポロの地震計のデータに加え、「かぐや」やその後の無人探査機の重力測定データなども加味し、現時点で得られるもっとも確実な内部構造モデルを示したものです。

これによると、月はやはり地殻、マントル、コアという三つに大別される内部構造を持つと考えると、観測データをもっともよく説明できるということがわかりました。

地殻の厚さは約四〇キロメートルで、マントルは上部と下部の二層からなりま

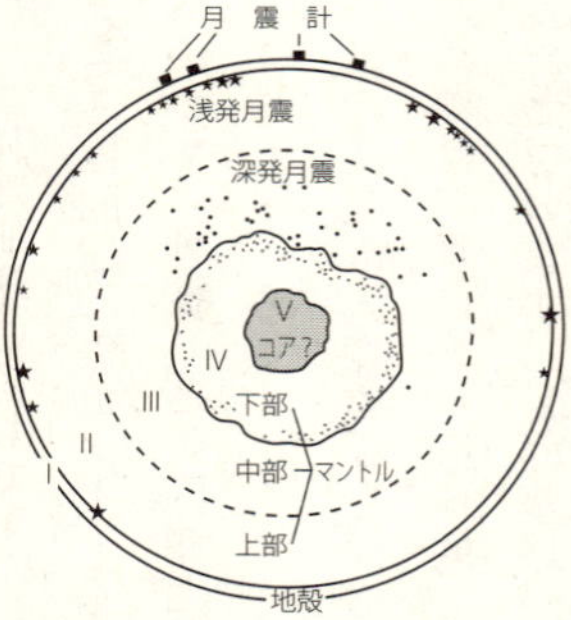

※元図の中の英語は日本語に直してある

アポロ計画における地震観測のデータを元にして、テキサス大学の中村吉雄先生のグループが作成した月の内部構造の推測図（出典：Nakamura et al., 1982）。地表にもっとも近い部分は地殻で、マントルは上部、中部、下部の３層に分かれていると考えられている。中心にコアがあるかどうかはこの時点では「？」付きでわからないとしている。

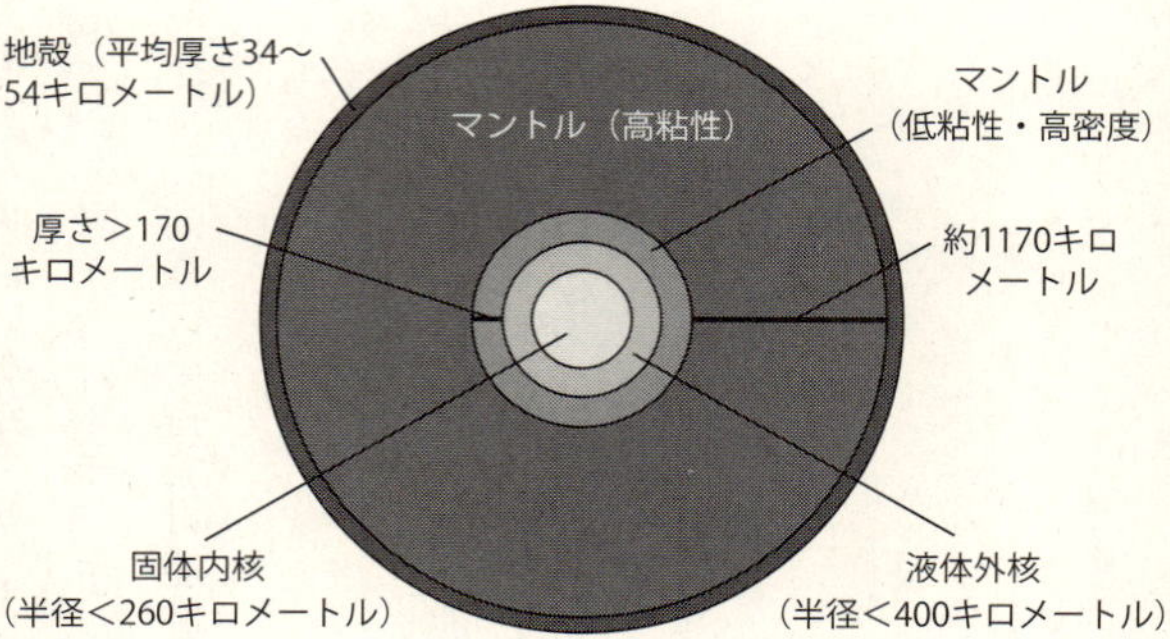

国立天文台の松本晃治博士らの研究グループが明らかにした月の内部構造の模式図（一部改変）。地殻、マントル（2層からなる）、コア（2層からなる）からなっており、特にコアの大きさは全体で400キロメートル以下と小さいことが推定される。

出典: http://www.miz.nao.ac.jp/rise/content/news/topic_20151217

す（これは地球と同じですが、分かれ方の意味合いが若干違います）。また、コアの大きさは四〇〇キロメートルより小さいと考えられます。また、コアも外側に液体のコア（外核）と、内側に固体のコア（内核）を持つ可能性が指摘されています。

この研究は大変重要な研究だと筆者は考えていますが、より高精度で確かめるためには、月により近代的で高性能の地震計を置いて、地震波観測を行うのが最良だと思います。月面基地が設置されれば、その科学的な目的の一つが地震波観測になることでしょう。

Q 月のいちばん高いところはどれくらいの高さですか？

A 最高地点は、地球の山より高い？ 低い？

この項の答えを読まないで、まずは皆さん、月でいちばん高いところと低いところがどこにあるか、想像してみてください。低いところは表側の海の部分でしょうか？ 海というくらいですから何となく低そうですよね。逆に高いところは想像がつくでしょうか？ 月には山脈もありますので、そういった場所のどこかに最高地点があるのでしょうか？

実は、月の最低地点と最高地点は意外な場所にあります。

これを見つけ出したのは、月探査機「かぐや」に搭載されていた「レーザ高度計」という装置です。

レーザ高度計は、文字通り衛星からレーザー光線を発射して、地表に当たって反射してくる時間を測定し、衛星から地表までの距離、つまり月の地形の高さを測るという装置です。ちなみに、「レーザ高度計」と「ー」が抜けていますが、これは「かぐや」における機器の正式名称なのでこうなっています。

さて、このレーザ高度計の測定データから、月の最高地点と最低地点が明らかになりました。そして意外なことに、その両方ともが月の裏側にあります。

最高地点は、ディレクレージャクソン盆地という大きなクレーターの南の縁にあり、高さは一〇・七五キロメートルとなっています。位置は北緯五・四度、経度では東経二〇一・六度です。なお、月の北緯・南緯は地球と同じで、赤道を〇度、極に向かって数値が九〇度まで増えるような形になっていますが、月の経度は地球とは違い、表側の中心点を〇度とし、そこから東側に向かって数値が増え、ぐるっと回って表側の中心点を三六〇度とするような体系が一般的に使われています。

最高地点と最低地点は同時にできたのか

一方最低地点は、同じく裏側にある巨大衝突盆地「南極－エイトケン盆地」の中にあります。この盆地の中にあるクレーター「アントニアジ」の中にこの最低地点があります。深さは九・〇六キロメートルと測定されています。緯度は南緯七〇・四度、経度は東経一八七・四度です。ちなみに地球でもっとも深い場所とされる太平洋・マリアナ海溝のチャレンジャー海淵の深さが一万九一一メートルとされていますので、それより少し浅いことになります。

月でもっとも低いところともっとも高いところの差は合計で一九・八一キロメートルとなります。これだけの高さの差が、しかも月の裏側の割と近いところに存在するというのはかなり意外な発見でした。

ところで、高さといっても、月には地球のように基準となる海のような場所がありません。この高さは、月の重心を基準にした半径一七三七・四キロメートルの球を基準として測定したものです。

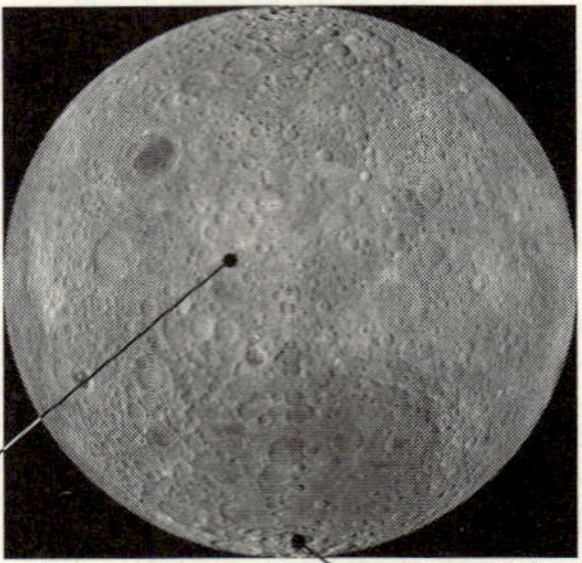

Image: NASA/GSFC/University of Arizona

月の高さの様子を図に表してみると、特に裏側の奇妙な様子が際立っています。南半球の巨大な窪み、南極－エイトケン盆地の北側に、いくつかのクレーターで構成される高い部分があり、特にこれらのクレーターの縁が盛り上がって高い場所を構成しています。

このような地形は偶然で生まれたものとは考えにくそうです。例えば南極－エイトケン盆地を産んだ巨大衝突によってすぐ北側が圧縮されて盛り上がり、高い地形ができた可能性も考えられます。この謎の解明は、今後の探査にかかっているといえるでしょう。

Q 月面の温度はどれくらいなのですか？

A 一四日間ずつの昼と夜に影響される温度

その前に、地球の温度はどれくらいでしょうか？

世界の最高温度はアメリカ・カリフォルニア州のデスバレーで記録された五六・七度、最低気温は南極で記録されたマイナス八九・二度です。日本では最高記録が四一・〇度、最低記録がマイナス四一・〇度となっています。

では月の温度についてみていくことにしましょう。

アメリカの月探査機「ルナー・リコネサンス・オービター」（ＬＲＯ）に搭載された機器によって月表面の温度を測定したところ、月の赤道付近の温度は、昼間は平均一一七度、夜間はマイナス一七八度にまで下がることを突き止めました。なお、平均温度はマイナス六七度だそうです。

このように、月の温度が極端に変わってしまう理由はいくつかあります。最大の理由は、月に空気がないことです。

空気があれば、太陽光に暖められた地面は空気を暖めます（地面の熱が空気に伝わるともいえます）。こうして暖められた空気は軽くなって上昇し、上空に上ると冷やされて重くなり下がっていきます。逆に地面が冷たい場合、空気の方が暖かければ地面を温める役割を果たします。このようにして、地球では空気の存在が気候を穏やかにする役割を果たしています。

しかし、月では空気がないため、地面の温度が上がればそれがそのまま温度となってしまいますし、夜になると地面からの放射冷却（空に向けて地面から熱が放射されて冷える現象）が働いて一気に温度が下がってしまいます。

さらに、月の一日が長いことも挙げられます。月には一四日間の昼と一四日間の夜があります。一四日間太陽が照り続ければ、地面にも猛烈な熱が降り注ぎます。そして逆に、一四日間の夜の間は真っ暗になるため、地面からは熱が逃げ続けていきます。このようなことも月の極端な温度差を生む原因になります。

太陽系でもっとも低い温度の場所も

さらに月の極地域に行くともっと温度が下がります。同じくLROにより測定された極地域の平均温度はマイナス一七五度と、かなり極端な環境です。さらに、月の極地域にある、永遠に日が当たらない地域「永久影《えいきゅうかげ》」の中ではもっともっと温度が下がります。LROの測定では、なんとマイナス二三八度という、とてつもなく低い温度が記録されました。この温度は冥王星の平均表面温度より低いのです。太陽系でももっとも低い温度環境にあるといってもよいでしょう。

他の天体とも比べてみましょう。

水星は昼の最高温度は四〇〇度、夜間の最低温度はマイナス一六〇度と、こちらもかなり過酷な環境です。金星は、地球の九〇倍もある大気、そしてその大気のほとんどを占める二酸化炭素の温室効果のため、四七〇度というとてつもない表面温度になっています。

火星は太陽から遠いために温度がかなり低くなります。いちばん暖かいときには二〇度くらいの温度になることもありますが、平均温度はマイナス六〇度、もっとも寒いときにはマイナス一四〇度にまで下がってしまいます。

こうしてみますと、月の温度というのは太陽系の中でもそれほど異常なものではなく、むしろ地球のような安定してかつ「生物にとって過ごしやすい」温度であることの方が異質であるということがわかります。地球が太陽から適切な距離にあることと、それなりの大気が存在すること、液体の水が循環していることなどが、地球をこのような穏やかな惑星にしている要素です。

一方、月の環境は、さすがに水星や金星のような高温にはなりませんが、火星の環境のような低温を再現できますので、将来の火星探査に向けた試験環境などに使えるかもしれません。非常に低い温度環境では雑音が少ないため、雑音を嫌う赤外線での天文観測や、極低温で起きる超電導現象などを利用した電力輸送・蓄電なども考えられるでしょう。

Q 月の重力は、なぜ地球の六分の一なのですか？

A 月と地球の重さと半径の比率によって決まる

これを文章だけで説明しようとすると難しいので、最小限の数式を使って説明してみましょう。

その前に、前提となる数値をご紹介しておきます。

月の質量は地球の約一〇〇分の一、月の半径は地球の約四分の一です。この二つの数値があれば、月の重力と地球の重力の比率を計算できます。

さて、重力というのは、その天体全体の重さがあなたや私を引っ張っている力のことです。さらにいうと、ニュートンが発見した「万有引力」のことになります。その天体がもたらす万有引力が、私たちには重力として感じられるのです。

万有引力、つまり重力を表す式は、次のように表されます。

［重力の力］＝［万有引力定数］×［引力をもたらす物体の重さ］×［引力を受ける物体の重さ］÷［物体との距離］÷［物体との距離］

ここで出てくる「物体との距離」は、天体の半径とお考えください。

この式を見ると、万有引力定数と引力を受ける物体の重さを知らないと計算できないと考えてしまいそうですが、いま私たちが考えればいいのは「比率」だけです。つまり、同じ重さの物体が地球と月それぞれで受ける力の比だけを考えればいいわけです。

前の式を使えば、地球と月の重力はそれぞれ次の式のようになります。

［地球の重力］＝［万有引力定数］×［地球の重さ］×［引力を受ける物体の重さ］÷［地球の半径］÷［地球の半径］

［月の重力］＝［万有引力定数］×［月の重さ］×［引力を受ける物体の重さ］÷［月の半径］÷［月の半径］

というふうに表されます。

この二つの式を分数にしましょう。分母に地球の重力を表す式を、分子に月の重力を表す式をとります。

そうしますと、万有引力定数と引力を受ける物体の重さは分子と分母で互いに相殺され、消えてしまいます。

残る式は次のようになります。

［月の重力の地球の重力に対する比率］＝［地球の重さに対する月の重さ］÷［地球の半径に対する月の半径］÷［地球の半径に対する月の半径］

さて、ここまでくれば先ほどの数字の出番です。

地球の重さに対する月の重さは一〇〇分の一（〇・〇一）です。地球の半径に対する月の半径は、先ほどの数値をそのまま使えばいいので、大体四分の一です。分数の割り算になるということに注意してこれらの数字を当てはめましょう。

［月の重力の地球の重力に対する比率］＝〇・〇一×四×四＝〇・一六

六分の一は小数で表すと〇・一六六六……という値ですから、ほぼ今の計算で求めた値と一致することがわかります。

つまり、月の重力が地球の六分の一であるというのは、月と地球の大きさ――半径と重さの違いによるものであることが確かめられました。

この計算は他の天体にも応用することができます。地球と他の天体との半径と重さの比率がわかれば、あとはいまの式に数字を当てはめればよいだけです。

参考までに火星の場合を示しましょう。火星の質量は地球の約一〇分の一（〇・一）、火星の半径は三三九六キロメートルで地球の半径（六三七八キロメートル）の約半分（〇・五三）です。

先ほどの式に当てはめれば、

［火星の重力の地球の重力に対する比率］＝〇・一×二×二＝〇・四

大体地球の重力の四〇パーセントほどであるということがわかります。

天体の半径や重さなどの数値はインターネットでも調べられますし、『理科年表』などにも掲載されていますので、計算してみたい方はほかの天体についてもチャレンジしてみてください。

第3章　月に秘められた謎

Q もし月がなかったら、地球はどうなってしまったでしょう？

A 強烈な風が吹き、気候変動も激しい環境になっていた!?

「歴史にｉｆ（もし）はない」と申しますが、思考ゲームとしてこのようなことを考えてみるのは非常に面白いことかと思います。では、もし月がなかったら地球はどのような運命をたどっていたでしょうか？

まず考えられるのは、地球の自転が異常に（というか、今の基準に比べて）速くなっていた可能性です。

別の項で「月は地球から少しずつ遠ざかっている」という話を書いています。月が地球から少しずつ遠ざかっていることで、地球の自転は実は、少しずつ遅くなっています。

さて、これを逆に考えていくと、かつて地球の自転速度は今より速かったと考えられます。このことは実際に化石などから確かめられています。

月があったからこそ、この速度が次第に遅くなり、今の「一日（＝一回転）二四時間」というリズムになっているのですが、もし月がなければ、昔の速い自転速度のままになっていたはずです。

そうなれば、地球の大気の運動はもっと激しいものになり、猛烈な勢いで風が吹くような世界が展開されていたでしょう。当然その風は地表にも影響を及ぼすので、今のような「穏やかな風が吹く」地球にはなっていなかったでしょう。

もう一つは、自転軸の問題です。

月は地球との間で、互いに引っ張り合っています。太陽系の他の惑星では、惑星に比べてこれほど大きな衛星はないのですが、地球と月の場合は互いに影響を及ぼし合うほどの大きな引力が働いています。

この引力は、地球の自転軸を安定して支える（変化させない）効果を生んでいると考えられています。

ではもし月がなかったら……このとき参考になる実例は、火星です。

火星の現在の自転軸の傾きは二五度と、地球（二三・四度）と近い値になっています。しかしこれは「いまたまたま」そうであるというだけであって、実は火星の自転軸は月のように安定させる衛星がないため大きく変化します。その変化の幅は一〇度くらいといわれており、自転軸が変化することで気候が大きく変わってきた可能性が指摘されています。

もし地球に月がなかったら、同じように自転軸が長い間にわたって大きく変化してしまうでしょう。例えば、温帯だったところが寒帯になったり、熱帯だったところが温帯になってしまったり、あるいはそれらの逆が起きるという、気候の上でも不安定な地球ができあがっていたのではないでしょうか。

地球に大量のいん石が降りそそぐ

そしてもう一つ、さらに過酷な状況が考えられます。いん石（小惑星や彗星）の落下です。

地球にももちろん、いん石が落下してきます。しかし、すぐ隣には月という大きな天体があります。このため、地球に向かって落ちてきたいん石の一部は、月の引力に引っ張られて月の方に落下してしまい、地球へ向かわないようになっています。軌道を変えられてしまうわけですね。

おそらく月ができて以来、四六億年にわたって、月はいってみれば地球の門番として、こういったいん石の落下からある程度地球を守ってきたのではないかと思われます。

もし月がなかったら……もうおわかりでしょう。地球には膨大な数のいん石が降り注ぎます。その中には、六五〇〇万年前に恐竜を絶滅させたような巨大な天体も含まれていたかもしれません。天体の衝突により大気や海洋にも影響が出ていた可能性もあります。地球は今よりももっと過酷な世界になっていたことでしょう。

猛烈な強風、時と共に変化してしまう気候、降り注ぐいん石。どの条件を取ってみても、今の穏やかな地球とは正反対の、生命が生きていくにはかなり厳しい条件の地球になっていたことが考えられます。

もちろん「月があったから生命が生まれた」と単純に結論付けるのは早計で、そのような厳しい環境下でも生命が生まれ、育まれていった可能性はあります。今後、太陽系外の惑星（系外惑星）に地球のような天体が見つかり、そこにやはり月のような大きな衛星があれば、私たちの「月がもしなかったら」という疑問を解決する大きな鍵になるかもしれません。

Q 月はいつ、どのようにしてできたと考えられているのですか？

A

アポロ計画の前に唱えられた月の成り立ち

まず、月がいつできたのか、という点からご説明しましょう。

結論からいうと、約四六億年前、ということになります。

この結論が出るには、アポロの月探査により、月の石が持ち帰られることが必要でした。

アポロでは合計約三八〇キログラムにも及ぶ石や砂が地球に持ち帰られました。その中で、アポロ一五号から持ち帰られた岩の一つに、四〇億年以上前にできたという大変古い石が見つかりました。聖書の「創世記」の岩という意味で「ジェネシス・ロック」と名付けられたこの岩は、月にいかに古い岩があるかと

アポロ 15 号によって持ち帰られた月面の岩石「ジェネシス・ロック」。斜長岩と呼ばれる、月の高地の石である。

Photo: NASA

いうことを私たちに教えてくれました。

その後に見つかった岩や鉱物などの分析から、古いものでは四五億年以上前のものも見つかりました。これで、月はほぼ四六億年前にできたことがわかってきたのです。

次に月のでき方です。これについては、昔から、様々な説が唱えられてきました。アポロ計画以前の代表的な月のでき方に関する説は次の通りです。

○双子説…双子集積説、兄弟説とも呼ばれます。月は地球ができたときに、太陽系のチリの中で同時に生まれた、という説です。

○捕獲説…他人説とも呼ばれます。地球は誕生当時ただ一つの天体でした（月はありませんでした）。あるとき、どこかから天体が飛んできて、それを地球が引力で捕獲してしまいます。地球の引力に捉えられた天体はやがて地球の周りを回り始めます。これが月だという説です。

○分裂説…親子説とも呼ばれます。地球は太古の昔、今よりもはるかに速い速度で自転していたと考えられています（そのこと自体は事実です）。その当時あまりにも自転速度が速かったため、地球の一部がちぎれてしまい、それが遠ざかって月になった、というものです。

これらの説は、実は「帯に短し、たすきに長し」といいますか、どれも月のある側面はきれいに説明できるのですが、その他の側面を説明できない、という問題がつきまとっていました。特に、アポロ計画により月について多くのことがわかってきてからは、そのことがいっそう問題となってきました。

例えば、双子説では月と地球が似たような物資からできていることは説明できますが、月と地球の力学的な関係を説明できません。捕獲説は地球と月の物質が違うという点は説明できても、月ほどの大きさの天体が捕獲されて回り始めるというのは力学的にはかなり難しいことです。分裂説は地球と物質の近さは説明できますが、月が飛び出るほど地球の回転が速かったら、それこそ地球自体がバラバラになってしまうかもしれません。

巨大衝突説の可能性が高いと考えられている

三つの説とも月のでき方を説明できないという中で、アポロ計画の結果の科学的な解析などから、ある説が脚光を浴び始めました。「巨大衝突説」、あるいはジャイアント・インパクト説と呼ばれるものです。

地球ができて間もなく（四六億年前）、地球に火星サイズほどもある巨大な天体が衝突、地球の破片と衝突した天体の破片が一気に宇宙空間へ広がりました。この破片は地球の周りを回り続け、その破片同士が衝突を繰り返しながら次第に

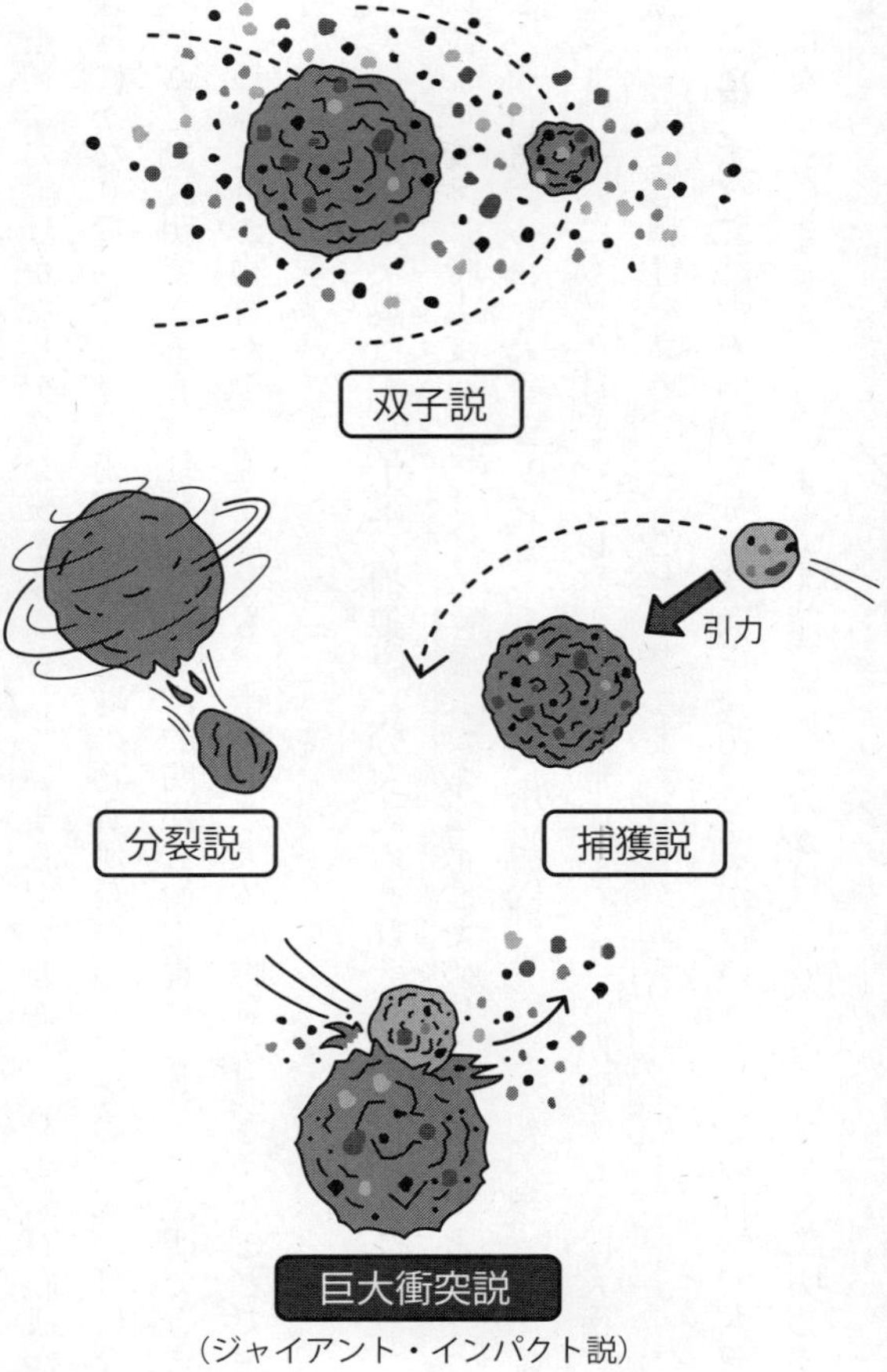
双子説
分裂説
引力
捕獲説
巨大衝突説
(ジャイアント・インパクト説)

天体に成長し、いまの月を形成した、というものです。

当初この説はかなり突飛な説とみなされていました。しかし、月の岩石組成が地球にかなり近いことは、衝突により地球の物質が飛び出してその一部が月になったことで説明できます。地球と月の力学的関係も衝突説はきれいに説明できます。地球と月の物質が少し違うことも、衝突した天体の物質が混ざったことで説明がつくでしょう。

実は、巨大衝突説は、双子説、捕獲説、分裂説のそれぞれの「いいとこ取り」の説なのです。そして、このような「衝突で飛び散った破片から月ができるか」という問題についても、コンピューターを利用した計算（シミュレーション）によって、意外にも数ヵ月というレベルで月が形成されることが判明し、巨大衝突説は一気に信頼性を高めていくことになります。

ただ、すべて巨大衝突説で月の特徴を説明できるかというと、今の科学でもそうはなっていません。どのような問題があるのかは、次の項で詳しく説明します。

Q 巨大衝突説は、月のでき方として間違いないのでしょうか？

A 今の天文科学では、まだまだ謎が多い

科学的な理論というのは、すべてが正しい、あるいは間違っているというものではなく、今あるデータや再現実験などからみて、もっとも今の状態を説明できる、というものを有力な説としています。

月の巨大衝突説も、前の項で述べたように、そのような「もっとも説明がつく説」であるということは確かです。では、巨大衝突説が完璧なのかというと、これは難しい問題です。

私たちが今使える情報は、これまでの探査機の膨大、とはいっても主に上空から行った探査のデータ、そして大量にといいつつも「わずか」三八〇キログラム

しか持ち帰られていない、しかもすべて月の表側のサンプルなどです。

たとえば、巨大衝突説を信頼したとすると、月の多くの部分は当時の地球のマントルの物質で構成されたことになります。衝突のときに地球はいまのように中が溶けており、鉄などの重い物質は内部へ、軽い物質は外の方へと分かれていた（これを「分化」といいます）と考えられます。したがって、鉄のような重い成分が少ない地球のマントルの構成物質が月の主要な源であるとするなら、月には鉄が少ない、つまり今の月のコアは小さいということになります。

しかし、私たちはまだ月の内部構造についてのはっきりとした情報を得ていません。今後の探査、特に月の内部を調べる探査で、コアの大きさを知ることが必要でしょう。

複数の天体がぶつかって、月が誕生した!?

その他にも、「一発の巨大衝突で月ができたのか」という疑問もあります。二〇一七年一月、イスラエルの科学者を中心としたグループは、従来のような「一つの天体がぶつかって月ができた」という巨大衝突説ではなく、複数の天体が連続してぶつかることにより月が誕生したという説を発表しました。この説では、二〇回ほど小天体がぶつかって月が誕生したと結論づけています。

このような議論を見てもおわかりの通り、巨大衝突説が完全に確定した説だというのはまだ早すぎるようです。

このほかにも、巨大衝突説の弱点はあります。もし四六億年前の地球に起きたような巨大衝突が普遍的であれば、他の天体でも同じ衝突が起きたとしてもおかしくなさそうですが、それが地球だけ、というのはなぜなのかという問題がありえます。もちろん「たまたまそうだった」といってしまえばそれまでですが、それでは普遍的な論理で説明する科学にはなりません。なぜ地球にだけそのような巨大衝突が発生したのかを科学的に説明できる必要があります。

巨大衝突説が本当だったのか、本当だとしたらどのような衝突が起きたのか、私たちがより詳しいことを知るためには、より多くの数の、より多くの種類の月のサンプル、そしてより詳細な月のデータを探査で得ることが求められます。

Q 月でも地震が起こりますか？

A 地球と月の引っ張り合いで地震が発生

一九六〇～七〇年代のアポロ計画の成果の一つに、月で地震が起きていることを発見したことが挙げられます。

それまでは、月は中まで冷えきっていて、完全に「死んだ」天体、つまり中では何も起こらない天体だと考えられてきました。ところが、アポロ計画で月面に運ばれた地震計は、多くの地震活動をとらえたのです。

残念ながら、地球のように地震計を多数並べて探査するということはできなかったため、地震がどこで起きているのか、詳しいことを知ることはできませんでした。それでも科学者たちにより、月の地震の性質がかなりわかっています。

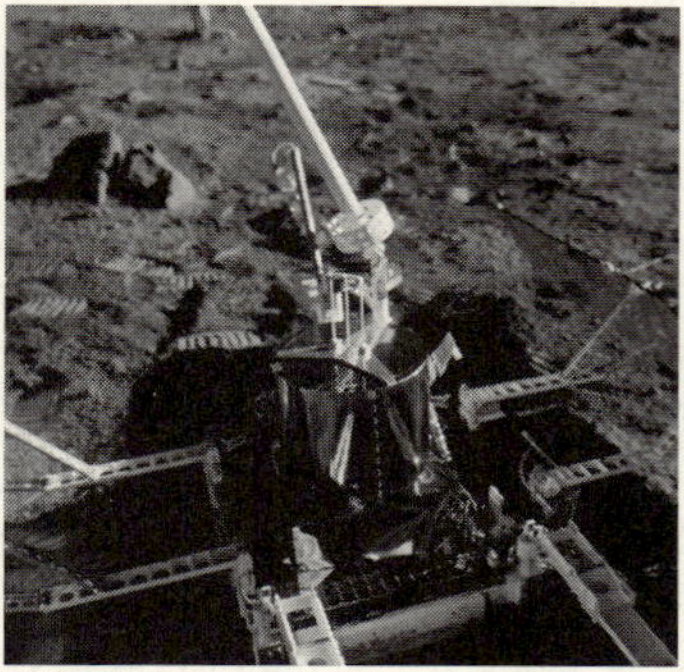

Photo: NASA

アポロ 11 号によって月面に設置された地震計。

ここからは月の地震のことを「月震」と呼ぶことにしましょう。

まず、月の奥深く、深さ九〇〇〜一一〇〇キロメートルのところで起きた月震が多数捉えられました。月の半径が約一七三八キロメートルであることを考えると、月のちょうど真ん中あたりで多数の月震が起きていることになります（ちなみに、地球の地震はどんなに深くても約六七〇キロメートル以下ではほとんど起きません）。このような深いところで起きる地震を「深発月震」といいます。

深発月震は周期的に起きることから、地球と月の間の潮汐《ちょうせき》運動（簡単にいうと

「引っ張り合い」）が関係していると考えられています。この深発月震は、マグニチュードでいうと一～二と、大変小さなものです。もし地球で起きたとしても、「微小地震」に分類されて、私たちが揺れを感じることはまずないでしょう。

月でいちばん怖いのはいん石による月震

一方、数は少ないのですが、もっと浅いところ、大体三〇〇～四〇〇キロメートルくらいのところで起きている月震も確かめられています。こちらは浅いことから「浅発《せんぱつ》月震」と呼ばれています。どのようなメカニズムで起きているのかはいまだ明らかではありませんが、こちらはマグニチュード三～四と、やや大きめのものも観測されています。もしかすると、月の地面で浅発月震を体で感じることがあるかもしれません。

そして、いん石の衝突で起きた月震も確認されています。おそらく月面でいちばん怖い月震はこれでしょう。もし間近に大きないん石が落ちてきたら、その振動は地震として感じられます。ものによっては月面基地や月面で活動中の人間などに被害を与える可能性もありそうです。

ちなみに、地球の地震を英語ではearthquakeといいます。quakeは「揺れ」「震え」といった意味です。ではearthはというと、皆さんはぱっと「地球」だと思われるかもしれませんが、辞書をもう一度見返すと、earthには「地面」という意味があることがわかります。つまりearthquakeは「地面の揺れ」という意味なのです。そのearthを地球と考えて、それをmoonに置き換えた（もっと端的にいえば「もじった」）言葉、moonquakeを月震といいます。

なお、アポロの地震計は一九七七年にスイッチが切られてしまったため、現在では観測ができていません。私たちが知っている月の地震のデータは、わずか数年間の観測に基づくものですから、もっと長い期間、あるいは裏側のようにこれまで地震計を置いていない場所で観測すれば、私たちが全く知らなかった月震を捉えることができるかもしれません。

Q 月には火山はありますか？

A 日本にあるような火山はないが噴火口はある

月にも地震があるくらいだから火山もある、と思われるかもしれませんが、残念ながら月には現在活動中の火山（活火山）はないと「一応」考えられています。この「一応」の意味はあとで説明します。

月に火山は存在します。それらは、今から四〇億年ほど前に活動していたものがほとんどを占めると考えられています。

月の海と呼ばれる黒っぽい場所は、巨大な天体が衝突してできたあとに、溶岩が内部から出てきてその場所を埋めたと考えられています。当然のことながら、溶岩が内部から出てくるとすれば、それは火山であり、噴火口があったと考えられます。

しかし、月の海を見ても、日本にあるような火山らしい火山（例えば富士山みたいな火山）はあまりありません。これはおそらく、当時噴出した溶岩が非常にさらさらとしたもので（粘性が低い）、山を作ることなく、溶岩が低地に広がっていったためではないかと考えられています。

ただ、地球の火山のような火山がないわけではありません。月の表側の中央

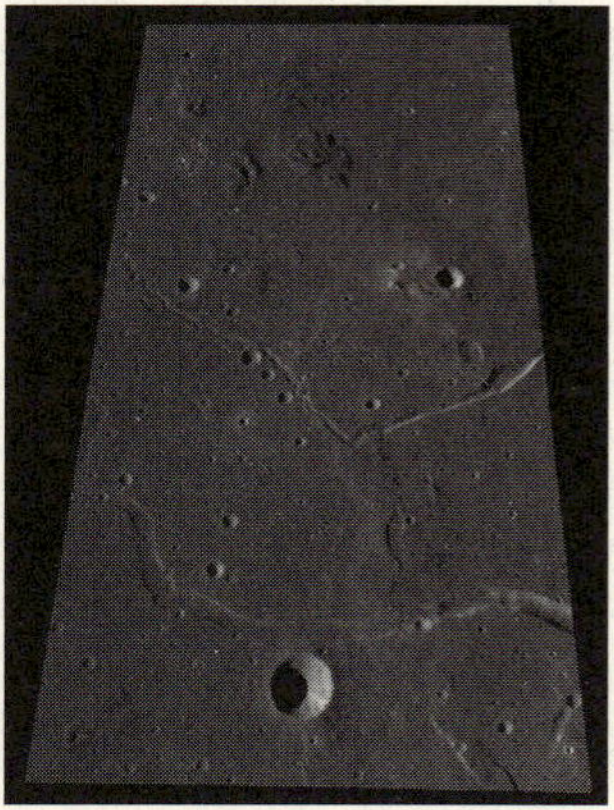
Photo: ISAS/JAXA

マリウスの丘

部、嵐の大洋の真ん中あたりの「マリウスの丘」がまさにそのような地形です。上から見ると丸い形をしており、直径は三〜一七キロメートル、高さは数百メートル以下と、それほど大きくありません。おそらく、これらはかつての噴火口で、先に述べたさらさらした溶岩が流れ出たものではないかと推測されます。

このような小さな噴火口（まぁ、火山ですね）は、地球上ではアイスランドによく見られます。アイスランドの溶岩も非常にさらさらとしたものですので、おそらくは似たような過程で噴出したものかと思われます。

また、高地にもドーム状の地形がいくつかあります。

月面に光や雲が！　火山活動か？

さて、月面には活火山はないと先ほど申し上げましたが、実はそうではないかもしれません。といいますのは、月面では火山の噴火、あるいは少なくとも何かが噴出しているのではないかと思われる活動が確かめられているのです。

月面を観測している天文学者の間で、月面に何か明るいものが見えるという報告がときおり寄せられることがあります。見間違いという可能性も考えられますが、何件も寄せられるとなると見間違いとばかりはいいきれなくなります。観測される異常現象も、明かりだけではなく、雲のようなものが漂っていたり、ガスが噴出しているように見える場合もあります。

このような現象は「ＴＬＰ」（日本語では直訳して「月面一時現象」、あるいは「月の一時異常現象」）と呼びます。

このＴＬＰが起きる場所は、月面の何箇所かに集中しています。とりわけ多いのが、月の表側「嵐の大洋」に位置する「アリスタルコス・クレーター」です。ここで光や雲のようなものを見たという報告が多く、ＴＬＰについての報告の六〇パーセントが、アリスタルコス・クレーターでの観測です。

ほかにも、表側の中心に近い「アルフォンスス・クレーター」や、「ティコ・クレーター」などでも観測された例があります。

このアリスタルコス・クレーターにはさらに不思議なことがあります。一九七一年、アポロ一五号が月面で観測を行った際、このクレーターの上空でラドンと

月のTLP（月面一時現象）をとらえた画像（1953年撮影）。画像中央の明るい光点がTLPである。

Photo: Leon Stuart
出典：http://www.columbia.edu/cu/news/07/06/lunar.html
（Columbia's Department of Astronomy）

いう元素が多く観測されたのです。

ラドンはよく温泉で「ラドン浴」などといわれたりすることで有名ですが、実際は常温では気体の元素です。そして興味深いことに、ラドンは放射性物質であるラジウムの崩壊によって生じます。そのラジウムは同じく放射性物質であるトリウムから、さらにトリウムはウランから生じます。

ラドン自身も放射性物質ですが、半減期は割と短いため、アポロ一五号で検出されたラドンは最近地下から出てきたものと考えて間違いありません。

となると、アリスタルコス・クレータ

ーでは、溶岩とはいわないまでも、火山ガスのようなものが噴出している可能性があります。

こういったTLPが検出されている場所に、今後探査の手が伸びることを期待したいですね。

Q 月の裏側に巨大な盆地があるそうですが、本当ですか？

A 太陽系に存在する最大級のクレーター

おそらくご質問されている方がおっしゃっているのは、「南極-エイトケン盆地」と呼ばれているものかと思います。書籍やウェブページによっては「サウスポール・エイトケン・クレーター」あるいは「南極エイトケン・クレーター」などと書かれているものもあるかと思いますが、同一のものです。

この南極-エイトケン盆地はここ十数年の月探査でその規模がはっきりとわかってきた、月の裏側、南極あたり（「南極」の名前はここからきています）にある巨大な盆地、より正確にいってしまえば「クレーター」です。

月の裏側に巨大なくぼみがあるらしいということは、アポロ計画の当時に月面のデータを取得していた「ルナー・オービター」という探査機のデータによりおぼろげながらわかっていました。しかし、その存在を正確に確認したのは、一九九四年に打ち上げられたアメリカの探査機、クレメンタインでした。

　クレメンタインは、世界ではじめて、月全体のデジタル画像を取得するなど、小さい探査機ながら大きな成果を挙げました。このクレメンタインのデータにより、月の裏側、南極から赤道付近までを直径とする巨大なクレーターの存在が浮かび上がりました。直径は約二五〇〇キロメートルで、太陽系に存在するクレーターとしては最大級です。

　この巨大なクレーターは、両端に位置する南極とエイトケン・クレーターから「南極‐エイトケン盆地」と呼ばれることになります。

マントルの一部が露出している場所も

　おわんのような地形の特徴から、ほとんどの科学者は、これは月ができた直後に巨大な天体が衝突してできたクレーターであると考えています。

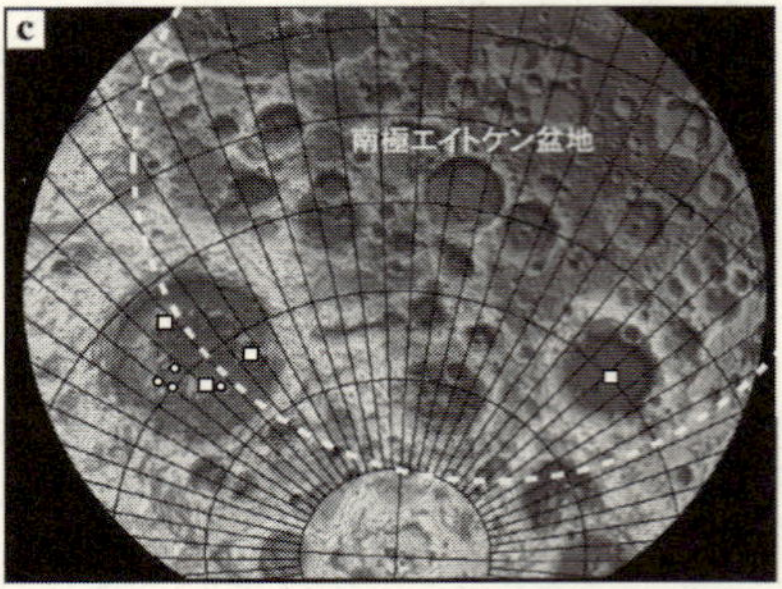

Photo: JAXA
注：原図はカラー画像だが、モノクロに変換する際に見えづらくなった色の部分を加工した。

左は南極ーエイトケン盆地を含む領域の画像である（画像の中央下が月の南極）。色が濃い部分ほど、標高が低いことを表す。白い点線は盆地の縁辺部に対応する。そして月のマントルを構成するとされる岩石（カンラン石）に富む領域を、黒枠の四角や丸で示している。カンラン石に富む領域は、月全体でも地殻の薄い巨大衝突盆地の周囲に限られている。

その衝突はあまりにも巨大であったため、月の地殻ははがされてしまい、その下のマントルと呼ばれる部分を構成する物質が、クレーター内に露出しているとみられています。実際、「かぐや」のデータをもとにした解析では、この南極－エイトケン盆地に、月のマントルを構成する岩石と思われる物質が露出していることがわかっています。

南極－エイトケン盆地は、月の裏側にあることから、これまでは直接行って探査することは極めて難しいとされてきました。ですが、これまでの探査で月のマントルの物質が露出しているという非常に科学的にも興味深い場所であることから、ここに探査機（着陸機）を下ろして実際に探査するという構想があります。

着陸機を下ろすだけでなく、上空からの探査で月のマントル由来の岩石があるとわかっている場所にローバーを送り込んで、その物質を直接調べてしまおうという構想です。

おそらく、その場所に下りたとしても、クレーター自体があまりにも広いので、窪地の中にいるという感覚はほとんど持たないでしょう。しかし、南極－エイトケン盆地の岩石を直接調べることができれば、この盆地がいつ、どのくらいの規模の衝突でできたのか、そしてそれが月全体にどのような影響を与えたのか（間違いなく月全体を揺るがす大衝突であったはずです）、といった興味深いことがわかります。ぜひ探査が実現することを期待したいものです。

Q　月に穴があると聞きました。本当ですか？

A　洞窟の一部が崩落してできた穴

はい。月には穴があります。この「穴」とは、別項で触れたクレーターのことではありません。正真正銘の「穴」です。そして、その穴を発見したのは日本の探査機です。

二〇〇七年に打ち上げられた日本の月周回探査機「かぐや」は、解像度（一つの点をどれくらい詳しく見分けられるか）一〇メートルという非常に優れたカメラで、上空から月全体の写真を撮影しました。

その中に一つ、奇妙な地形が見つかりました。一見すると月によくあるクレーターのように見えるのですが、拡大してみるとクレーターとは陰の黒い色の濃さがかなり違っています。さらに、同じ場所を別の時間帯（つまり、太陽の光が入ってくる方向が異なる場合）で撮影してみたところ、それでもその場所の中心には黒い部分が残っていました。

もしクレーターであれば、大きさ（直径数十メートル）から考えて、異なる方向から光が当たれば底が見えるはずです。しかしどのような太陽光の入り方からみても底が見えないということは、可能性は一つしか考えられません。そうです。それは「穴」だったのです。

直径数十メートルという小さな穴を上空から見つけられたのは、「かぐや」の優れたカメラの性能のおかげでもありました。世界ではじめての発見でもあります。月の表側には三箇所の縦穴がみつかっています。

しかし、このような穴が存在することは、一部の研究者の間ではすでに予想されていました。そしてそのでき方も実はわかっています。

月の海は、溶岩が噴出してできました。そのときには、さらさらとした（粘性の低い）溶岩が流れ、まるで川のように流れて広がったと考えられます。溶岩が

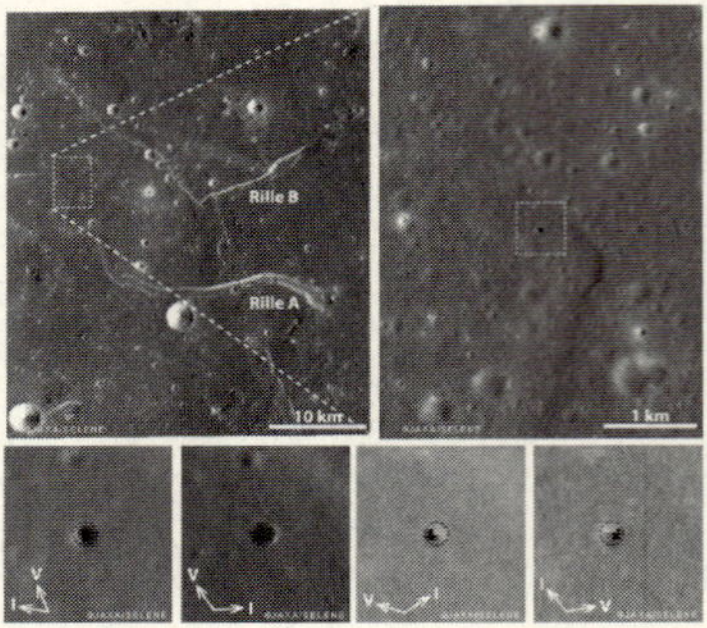

Photo: ISAS/JAXA
出典：http://www.isas.jaxa.jp/j/forefront/2010/haruyama/

月探査機「かぐや」が発見した月の縦穴の写真。月の表側にある「嵐の大洋」の真ん中あたりにある「マリウスの丘」に存在する。直径は 60〜70 メートル程度。左上の写真が全景。白い四角い部分を拡大したものが右上の写真。その中央部の白い点線枠内に丸く黒く写っているのが縦穴。これらを異なる太陽高度で撮影したものが下の 4 枚。違う太陽光の角度でも中が黒く写っていることから、この黒い部分がクレーターではなく、穴であることが確かめられた。

地下を流れた場合、地上部分が冷え、地下の溶岩はむしろ温度を落とすことなく長い間流れ続けます。

やがて溶岩がなくなると、溶岩が流れた地下の部分には細長い洞窟のような穴だけが残りました。このような穴を「溶岩洞窟」「溶岩チューブ」といいます。

長い年月が経ち、このような溶岩洞窟の一部が崩れ落ちてできたのが、今回みつかった穴ではないかと考えられています。

このような溶岩洞窟は実は月だけのものではなく、地球にも、日本にも存在します。代表的なものが、富士山の麓にある「駒門風穴(こまかどかざあな)」です。ほかにも「鳴沢氷穴(なるさわひょうけつ)」「富岳風穴(ふがくふうけつ)」など、観光地になっている溶岩洞窟もあります。もし機会がありましたらぜひ訪れてみてください。

穴は月面基地への入り口に

このような穴が見つかったことは月の科学という意味でも大変な発見ではありますが、実は将来の有人月探査でも重要な意味を持ちます。

月面基地をどこに作るかという問題は、有人月探査でも最大の、そして最初にぶつかる問題です。別項でも書いた通り、月で遭遇する危険を避けて、なるべく安全にかつ、快適に過ごせる場所を探すのはかなり難しいことです。

その点、この縦穴、そして溶岩洞窟は月面基地にピッタリと考えられています。宇宙線やいん石を避けられますし、温度も洞窟内部であれば月面ほどの温度差はありません。洞窟はかなりの広さがあると考えられますので、居住区だけでなく倉庫やオフィス、宇宙船などの格納庫なども設置できるでしょう。

これまで洞窟へのアクセスは人間が自力で穴を掘るしかなかったのですが、縦穴が見つかったことで、この穴を溶岩洞窟への出入り口として活用する方法が提案されています。

このような魅力的な縦穴は、まだ見つかったばかりでその様子はよくわかっていません。月に存在する縦穴をより詳しく調べようという「ウズメ計画」という探査計画が、現在日本の科学者・技術者によって提案されています。

将来的には、着陸船やローバーを送り込んで、洞窟の様子を詳しく調べることが期待されています。「ウズメ計画」自体はまだ正式な日本（ＪＡＸＡ）の探査計画ではありませんが、縦穴の探査が実現すれば、月の科学や探査に新しい道を拓くでしょう。筆者も計画に参加しており、将来この縦穴の姿をより詳しく知ることができるのを楽しみにしています。

Q 月で宝石は採れますか？

A セーラームーンに登場する水晶は月では見つからない

今でも絶大な人気を誇るアニメ「美少女戦士セーラームーン」の中では、主人公の持つ水晶が重要な役割を果たします。月には水晶やダイヤモンドのような、宝石になりそうなものがあるか、という問いは、ロマンチックともいえますし、ある意味では現代的な話題でもあったりします。

ただ、現時点ではなかなかご期待に添えそうにない、というのが今の時点でのお答えになってしまいます。

まず、水晶からいきましょう。水晶というのは、実は二酸化ケイ素という物質からなる「石英」の大きな（そしてきれいな）結晶です。二酸化ケイ素自体は地球の岩石にも多く含まれるもので、それ自体は珍しいものではありません。また、月の岩石にも含まれています。

宝石として水晶を私たちが尊ぶのは、このような石英の結晶のうち、非常に大きく、また美しく（例えばきれいな無色透明であったり、鮮やかな紫色を呈したり）目立つものです。

このように結晶が成長するためには、岩石が地下でゆっくりと冷えていく必要があります。この「ゆっくり」というのは、それこそ数百万年といったものすごく長い時間単位になります。

また、水晶の結晶ができるためには、このような二酸化ケイ素を多く含む岩石が必要です。地下で二酸化ケイ素を含む岩石がゆっくりと冷えて大きな結晶を作ると、それが水晶となります。このように水晶を生み出すのは、花こう岩という岩石です。地球では、墓石やビルの建材などに使われる御影石《みかげいし》がこの花こう岩です。

しかし、月には花こう岩はありません。実は花こう岩と似たような組成を持つ岩石を発見したという報告はありますが、実際に花こう岩が採取されたり、衛星によって花こう岩が発見されたという報告はありません。そのため、今のところ月で水晶が発見される可能性は低いでしょう。

月で見つかる可能性の高い宝石は

では、宝石の代表、ダイヤモンドはどうでしょうか。

ダイヤモンドは、実は私たちの体を作っている身近な元素「炭素」の結晶です。炭素が地下の高い熱と強い圧力で変化し、あのような結晶になるのです。

高い熱と強い圧力という点だけであれば、月の中心部であれば可能性がないわけではありません。ただ先ほども述べましたが、月は地球と違って割と早い時期（三〇数億年前）に温度が下がってしまったと考えられていますので、現在の条件ではダイヤモンドを作るのは難しそうです。

では昔できたダイヤモンドが見つかる可能性があるかというと、それも難しそうです。というのは、月を構成している材料に炭素が少ないと考えられているからです。

月を構成している材料は、水や軽元素と呼ばれる物質が割と少ないのです。炭素も比較的軽い元素で、軽元素の仲間でもあります。もともとの材料が少ないとなると、ダイヤモンドができている可能性はさらに低くなってしまいます。

では、月にありそうな宝石はないのでしょうか？

可能性がありそうなのは、カンラン石をベースにする宝石、例えばペリドートなどが考えられます。また、月の高地は斜長岩という岩石でできていますが、その主成分は長石という鉱物です。そうなると、長石でできている宝石もひょっとしたら見つかるかもしれません。それこそ「月長石《げっちょうせき》（ムーンストーン）」がそのような長石でできている宝石です。

私たちは月の石についてまだほとんど知りません。月のどこかで、美しい宝石が、私たちの発見を待っているかもしれません。

Q クレーターはなぜそれぞれ形が違うのですか？

A 衝突したときのエネルギーによって変わる大きさ

月のクレーターは、基本的に円形であるとはいえ、いろいろな形をしていて実に面白いですね。これは、クレーターの大きさと関係があります。

クレーターの大きさは、衝突した物体の大きさ、さらに正確にいえば、衝突した物体が持っていたエネルギー（運動エネルギー）によって決まります。大きな物体が低速でぶつかった場合よりも、小さな物体が高速でぶつかったときの方が、運動エネルギーが大きい場合もあります。このようなエネルギーの差が、クレーターの大きさを決めます。もちろん、運動エネルギーが大きいほど大きなクレーターができます。そして、大きくなればなるほど、エネルギーが放出されるメカニズムが変わってきて、クレーターの形も変化していくのです。

それでは、大きさの順にクレーターの形の変化を見ていくことにしましょう。

(一) おわん型クレーター

比較的小さい(直径が一五キロメートルより小さい)クレーターに多く、文字通りおわんのようなシンプルな形です。クレーターの縁もそれほど大きく盛り上がっていません。深さも二キロメートルを越えるものはないようです。

(二) 平底クレーター

おわん型クレーターより大きなクレーターで、おわんではなく、底が深皿のように平らになっているようなクレーターです。大きさはおおむね直径二〇~一四〇キロメートル程度で、深さはおわん型クレーターとあまり変わりません。

このようなクレーターの中には、クレーターの中心部に「中央丘」と呼ばれる山を持つものがあります。中央丘は、クレーターを作り出す衝突が起きたとき、

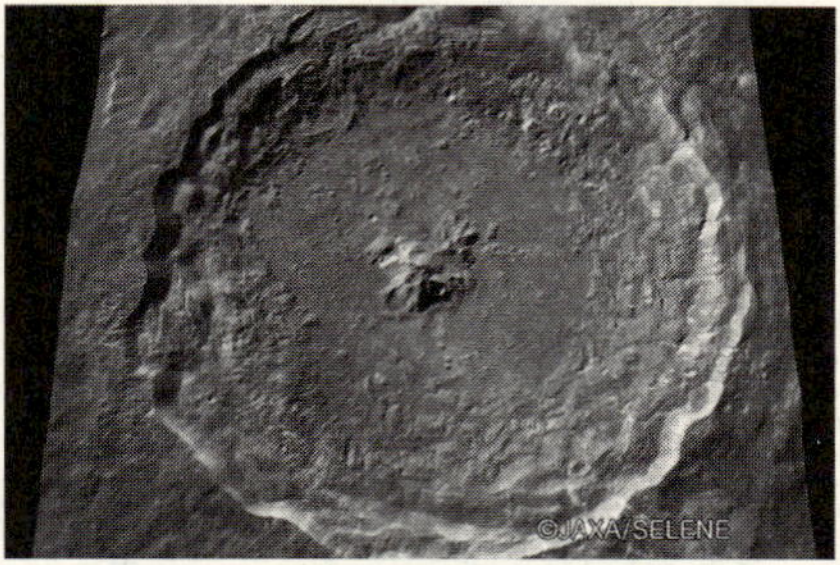

©JAXA/SELENE

典型的な、中央丘を持つ平底クレーターである「ティコ・クレーター」。写真は、「かぐや」の地形カメラが取得した画像を元にして作成されたコンピュータ・グラフィックスから静止画を切り出したもの。

その反動で跳ね返った（液体状になった）岩石が盛り上がったものです。

　上の写真は、月で目立つ地形である、「ティコ・クレーター」（直径約八六キロメートル）です。このクレーターも実は典型的な平底クレーターです。中心には立派な中央丘があります。その高さが約二四八〇メートルであることが、日本の月探査機「かぐや」の探査で確かめられました。

（三）中央丘を持つクレーター

　平底クレーターよりさらに大きなクレーターは、中央丘を持ち、直径も一〇〇キロメートルを越えるようなものが出てきます。基本的には平底クレーターと似たような性質を持ち、でき方も似ていると考えられていますが、クレーターの大きさが大きいことから、より大きな天体、あるいはより速い衝突速度でぶつかってできたのではないかと思われます。

(四) 多重リングクレーター

さらに大きくなると、クレーターの外側にさらにそれを囲うような縁（リング）を持つクレーターが出てきます。このようなクレーターは直径が数百キロメートルにもなるような巨大なものが多くなってきます。

クレーターの底はやはり平らです。さらに、この何重にもなった縁の部分が盛り上がっていますが、全体に平らなためにこの縁の盛り上がりが目立ち、地形としてよく見えるようになります。このような多重リングは、衝突の際に発生した衝撃波が干渉し合うなどしてできたと考えられていますが、詳細は不明です。

Photo: NASA/GSFC/University of Arizona

月探査機ルナー・リコネサンス・オービターが撮影した「東の海」の写真。この領域を撮影した画像を合成して（つなぎあわせて）作成したモザイク写真。東の海は直径が 900 キロメートルにも及ぶ巨大クレーターである。写真でも、三重のリング構造がよく見えているほか、クレーターができた影響が周辺にも及んでいる様子がわかる。

このようにしてできたクレーターも、時間が経つと太陽風などによる風化作用で、ゆっくりと形を変えていきます。月には水や空気がないとはいえ、太陽風やチリ、地殻の変動、あるいは近くに衝突などが起きることによる変形など、様々な要因で形がゆっくりと変わっていきます。最後にはほとんどクレーターの形がなくなってしまうような場合もあります。

クレーター一つとっても、月の地形は本当に面白いものなのです。

Q 月は地球から遠ざかっていると聞きましたが、本当ですか？

A 年に三センチずつ遠ざかっている

アポロ計画では、月面にレーザーの光を反射するための鏡を設置しました。地球からこの鏡にレーザー光を当て、また地球へ戻ってくる時間を測ります。光が戻ってくる時間は極めて正確に測れるため、これで月と地球の距離を正確に、直接的にかついつでも測ることができるようになりました。

その結果、月が地球から年に約三センチずつ遠ざかっているということがわかりました。地球と月の平均距離が約三八万四〇〇〇キロメートルであることを考えると、年三センチという値は大したこともない値に思えます。実際、一〇〇年経っても三メートル、一〇万年経ってやっと三キロメートルしか変わりません。

Photo: NASA

アポロ14号で月面に設置されたレーザー反射鏡。

ですが、数百万年、あるいは数億年となると、話が変わってきます。

では、なぜ月は地球から遠ざかり続けているのでしょうか。

その理由はものすごく複雑かつ専門的で、それだけで一冊の専門書が書けるほどなのですが、猛烈にかいつまんだ形でご説明しましょう。

地球と月は力学的に結ばれています。ちょっとだけ専門用語を使うと、地球の自転と月の公転（つまり、地球の周りを回る力）を合わせた角運動量という値が保存されているのです。

あるものの周りを回る物体が持つ運動

量が角運動量です。そしてこれは保存されていきます。「角運動量の保存則」といわれるこの法則は、よくフィギュアスケートの選手が手を上に上げる（半径を小さくする）ほど速く回ることにたとえられます。

さて、大昔、地球はもっと速く自転していたことがわかっています。化石などを調べると、数億年前の一年は四〇〇日程度あったようです。一日は今の二四時間ではなく、もっと短かったわけです。

つまり地球の自転が少しずつ遅くなっているのです。その理由は主に、海水だと考えられています。

地球に「張り付いている」陸地と違い、海水は常に揺さぶられながら動いています。そして、自転の力によって海水も動きます。黒潮やメキシコ湾流のように西から東に向かう海流の力が強いのは、自転の力がある程度働いているからなのです。

ところが、海流は陸地があるとぶつかってしまいます。また、海底とも摩擦を発生させてしまいます。こうやって、海水が地球の自転にわずかながらずつでもブレーキをかけてしまっているのです。

また、潮汐でもおなじみですが、月の引力も海水を引っ張っています。ところが、月が海水を引っ張っている間にも地球は自転しているため、月の引力がブレーキとして作用するのです。

このようにして、地球の自転は少しずつ遅くなっています。フィギュアスケートの選手でいえば、回るスピードが次第に遅くなる、つまり手がだんだん広がっていくことに相当します。これは月が遠ざかることと一緒です。

はるか未来には一ヵ月が五〇日になる可能性も

地球の自転が遅くなってしまうことが原因で、月は地球から少しずつ遠ざかっているわけですが、遠い将来はどうなるのでしょうか。月は永遠に地球から遠ざかり、どこか宇宙の彼方へと行ってしまうのでしょうか？

多くの科学者は、そのようなことはないと予想しています。数十億年後、地球と月の角運動量が互いに平衡に達すると、月はもう地球からそれ以上遠ざかることはありません。このとき、月は地球から五〇万キロメートル以上離れた場所にいます。

そして、地球の自転と月の公転が完全に同じ周期になります。言葉でいうと難しいですが、地球のある場所からしか、月を見ることができないという世界がやってくるのです。お月見をしようにもそこへ行かないとできないのです。

このときにはおそらく、地球の自転がうんと遅くなっている影響で、一日はもっと長くなっていることでしょう。その頃の一ヵ月――月が地球の周りを一回回る期間――は、今の時間でいう五〇日ほどになってしまうと考えられています。

とても想像がつかない世界ではありますが、安心してください。そのようなことが起こるのは数十億年先のことです。人類がそこまで生き延びていれば、そのような不思議な世界を体験することができるはずですが……。

Q 女性の月経と月の満ち欠けとは関係がありますか？

A 月経の周期と月の満ち欠けの周期は同じほぼ二八日

読者には男性の方もいらっしゃると思いますので（というか、私もそうですが）、まず月経というのが何かということから簡単にまとめておきましょう。

女性には、子供を宿すための臓器である子宮があります。卵子を作り出す臓器である卵巣は、約一ヵ月に一回ほどの周期で卵子を排出します（排卵）。子宮では、この卵子が精子と結合した場合に備えて、子宮の内側（子宮内膜）を厚くしていきます。しかし、結局卵子が精子と結合しない場合、この厚くなった内膜がはがれて外へと出ていってしまいます。これが月経です。よく「生理」と表現され、「一ヵ月に一回くらい生理がくる」というのは月経のことをいいます。

女性の月経（生理）の周期は大体二八日で、月の満ち欠けの周期とほぼ同じです。このことから、女性の月経周期と月の満ち欠けの周期の間には何か関係があるのではないか、と昔の人が考えたとしても不思議ではありません。

実際、世界各国に伝わる民話では、太陽と月の神様は大体が男女のペアで、しかも男性は太陽を、女性は月を象徴的に表したものになっていることが多いようです。ギリシャ神話に出てくる「アポロン」「アルテミス」もまさにその例に当てはまります。

このように月の満ち欠けの周期と月経周期が近いことから、月が生命に対して何らかの影響を与えているのではないかと多くの人が考えがちです。最近月をスピリチュアルな観点から捉えるようなメディアの記事を多く見かけますが、あるいはそういった生命との結びつきを感じようとしている人が多いことを表しているのかもしれません。

そもそも月経という言葉に「月」が入っていること自体、昔からこの現象と月の満ち欠けを結びつけて考えていたことを表しているようです。

二八日周期は偶然？

さて、では実際のところ、月経は月の周期に「影響を受けている」のでしょうか？

まず月経の周期ですが、二八日の月の周期に必ずしもぴったり一致するということはありません。医学的には人間の月経周期は大体二五〜三八日とされ、またこの周期が乱れることもあります。また、誰もが同じ月経周期を持つわけではありません。ですから、月が月経という人間のリズムを支配しているというわけではないことは確かです。もしそうなら、女性はみな二八日の同じ月経周期を持つはずですし、それがずっと変わらず続くはずです。

また、月経周期を他の動物でみると、二八日の月経周期を持つ動物は意外に少ないことがわかります。私たちに近い霊長類でみても、ニホンザルが二七〜二八日、アカゲザルが二八日でわりと人間に近いですが、ゴリラは三〇〜三九日、チンパンジーは三四〜三五日など、人間より長い月経周期を持つ種もあります。

逆に、マーモセットの月経周期は一四～一七日と、人間に比べるとかなり短いことがわかっています。リスザルの月経周期も二四～二五日と、人間よりは若干短い周期となっています。

霊長類の月経周期は二〇～四〇日前後で、人間の周期にわりと近いとはいえ、霊長類だけとってみてもすべて同じ月経周期ではありません。このことからみても、月が生物に与える影響によって人間の月経周期が二八日になっているというわけではないということがわかります。

ではなぜ、人間の月経周期が二八日なのかということですが、この点については実際にはまだよくわかっていません。

生物学が進んでこの謎が解明されるまでは、月経周期と月の満ち欠けの周期とが近い理由は「単なる偶然」ということにしておくのがよさそうです。

Q 月には水があるのですか？

A 極地域のクレーターの底に氷として存在の可能性

月に水があると考えられている主な場所は、月の極地域（南極及び北極）です。月の極地域では、太陽は低い角度、つまり地表ギリギリに射してきます。ここで、極地域に存在するクレーターのことを考えてみましょう。

クレーターには、その周囲に盛り上がった部分があります。これは、クレーターが衝突でできあがったとき、反動で盛り上がった部分と考えられます。科学者は「リム」と呼ぶことが多いようです。

リムは周りより盛り上がっていますので、ほとんど真横から射し込んでくる太陽の日射しをさえぎってしまいます。また、クレーターは丸い形をしていますので、どの方向から太陽の日射しが射し込んできても、リムによって太陽の光はブロックされてしまいます。

そうなるとどうなるでしょうか。クレーターは穴ですから、太陽の光はこの穴の部分、特に穴の内側の深い部分には射し込んでこないことになります。このように、太陽の光が永遠に当たらない場所のことを「永久影《かげ》」と呼びます。このような場所に水が（氷の形で）蓄えられていると考えられています。

では、水はどこからやってきたのかという点が気になりますが、それについてはいろいろな説があります。例えば月が誕生したときに内部から噴き出してきた水蒸気がわずかに残ったまま閉じ込められているという説もあれば、彗星など、水を豊富に含んだ天体がぶつかった際に出てきた水（水蒸気）がこのような場所に閉じ込められたのだ、という説もあります。

有力なクレーターはあるが、本当に水があるのかは未知数

月の北極や南極には、このようなクレーターがいくつか存在すると考えられて

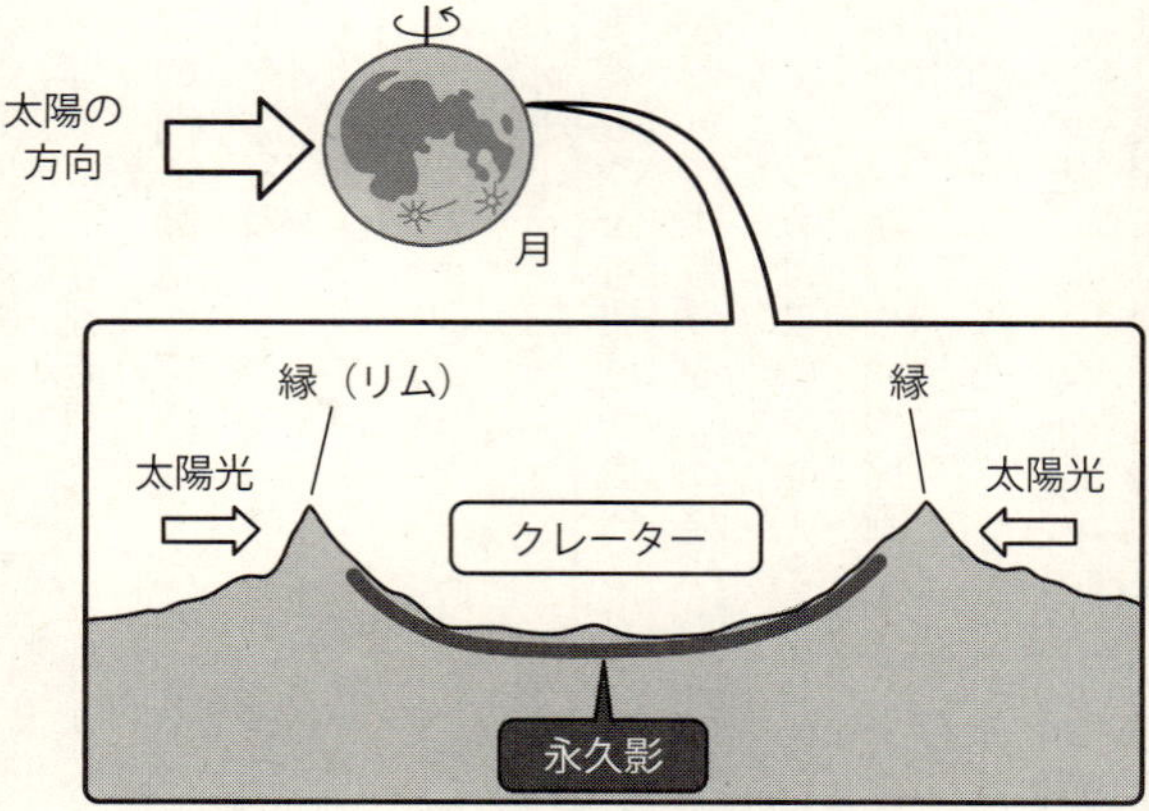

います。その中でもいま世界中の科学者からホットな視線を浴びているのが、「シャックルトン・クレーター」という、月の南極のすぐ近くにあるクレーターです。

シャックルトン・クレーターは、直径が二〇キロメートルほどと、月のクレーターとしては比較的小さい方に属しますが、南極近くに位置することから、この内部が永久影になっている可能性が指摘されています。当然水が存在するとも考えられています。

水が存在すれば、その水を取り出して、将来人間が生活するために利用することもできるでしょう。さらに、リムに当たる太陽光で発電すれば、エネルギーを得ることも可能です。こちらは太陽光がずっと当たり続けていますから、月の夜の間に発電ができなくなることを心配する必要もありません。まさに、月面基地を作るのにうってつけというわけです。

ただ、極地域ということもあって温度は猛烈に低く、アメリカの探査機「ルナー・リコネサンス・オービター」の探査では、シャックルトン・クレーターの内部温度はマイナス一七〇～一八〇度と、とてつもなく低いことがわかっています。もっとも温度が低いことは必ずしも深刻な問題とはなりません。エネルギーさえあれば温めることが可能だからです。

アメリカはこのクレーターに水が存在すると主張しているのですが、日本の月探査機「かぐや」の探査では、このクレーターの内部には水が存在しないという結論を出しています。

今のところ全く正反対の主張が出たままなので、これに決着をつけるためには、実際に行って探査するしか方法がありません。実際、そのような探査の計画も出されており、わりと近いうちに本当にここに水があるのかどうかははっきりすることでしょう。

また、月全体でみても比較的水が多い可能性があります。二〇〇九年に行われた月衝突機「エルクロス」の探査では、月の南極に近い「カベウス・クレーター」付近にエルクロスを衝突させ、舞い上がったチリの中に水が含まれるかどうかを調べるという探査を行いました。ＮＡＳＡはこの衝突の結果として水が検出されたと発表しましたが、筆者としてはこの結果はもう少し詳細に調べられるべきだと考えています。月全体に水があるのかどうかについても調べてみることが必要でしょう。

Q 月の地名はどのようにして決めているのですか？

A 国際天文学連合（IAU）が太陽系のすべての天体の地名を管理

地名は重要です。

例えば月を望遠鏡で眺めていて、「あ、クレーターを見つけた、よしこちゃんのクレーターって名付けよう」と考えたとしましょう。でも同じクレーターを見ている別の人は「あのクレーター、うちの先生の名前をつけてまさおクレーターにしよう」と思うかもしれません。一つのクレーターをいろいろな人たちが認識するときに、名前が複数あると大変厄介なことになります。そこで、名前は必ず一つにするとともに、その名前を管理する機関が必要になります。

天文学の世界では、この名前を管理している機関があります。国際天文学連合

（IAU）というところで、世界の天文学者が集まって組織されている団体です。かつて二〇〇六年、惑星について新たな定義を決定し、冥王星に「準惑星」という新しい地位を与えた（「降格」と報道したメディアも多かったのですが）機関もこのIAUです。

IAUは、月に限らず、太陽系のすべての天体の地名を管理しています。この命名の実際の作業を行うのは、IAUの下部組織となる「惑星システム命名ワーキンググループ」という組織です。

例えば探査によって新しいクレーターが発見されたとしましょう（月でも、探査機のカメラの解像度が上がれば新しいクレーターが見つかることはありえます）。そうしますとまずそれが本当にクレーターなのかを確認することから作業が始まります。

地形が（クレーターだと）分類されると、その発見者である観測者や一般の人たちも、名前についてコメントを寄せることができます。あくまでコメントであって決めるのはIAUであることには変わりませんが、このコメントは命名のときに大いに参考になります。

こうしてワーキンググループで議論の上、案を出します。この案は上位組織であるＩＡＵに提案され、総会で承認されて正式な地名となります。

子供の名前は難しそう。でも「レイコ」というクレーターも

さて、例えば月のクレーターに自分の名前や子供の名前をつけたい、と思う人はいるかもしれません。しかし、これはできません。

地名の命名に際しては厳格なルールが設けられているのです。それぞれの地形に対して、以下のような枠組みが定められています。

クレーター…大きなクレーターは、すでに亡くなっている科学者、芸術家、学者の名前。小さいクレーターは、一般的に使われる名前（ファーストネーム）が使われる。

湖や海など…ラテン語の天気などの名前から（これはもともとはるか昔からつけら

れていたものを引き継いだものです）
山…地球上の山脈の名前（例えば月にはアルプス山脈という場所もあります。これも昔の命名を踏襲したものです）

このルールに沿わないものは基本的に承認されない仕組みになっていますので、自分やお子さんの名前をクレーターにつけようとしても、「亡くならないと」できないというわけです。

なお、クレーターには日本人の名前がついたものがいくつかあります。

例えば、著名な物理学者であり、独自に原子核のモデルを提案したことでも知られる長岡半太郎の名前を取った「ナガオカ・クレーター」、天体力学や暦について精力的に研究し、小惑星のグループを見つけた天文学者の平山清次《きよつぐ》にちなんだ「ヒラヤマ・クレーター」などがあります。

変わったところでは、日本人の一般の名前を取った「タイゾウ」「レイコ」といったクレーターもあります。

Q 月に人工の建造物はありますか？

A 今はまだない

雑誌、あるいは最近はインターネットなどで、「月に巨大な人工の建造物が見つかった」などと騒がれることがあります。

ですが、私を含め、月探査や月の科学に携わっている科学者が、月に人工物を発見したということはありません。唯一例外といっていいのが、一九五三年に月面の危難の海に発見されたとされる橋状の「構造物」、オニール橋です。ただ、その後の観測でもその存在は確かめられていません。

望遠鏡で観測を行っていた頃（まさに「オニール橋」の発見は望遠鏡によるものでした）は、地球の大気のゆらぎや写真の精度の問題などもあり、月に何らかの構造物のようなものが見えてしまう、ということはありえたかと思います。

しかし、人類が月に探査機を飛ばし始めてからもう半世紀以上経っています。アポロ計画の頃にも宇宙飛行士や無人探査機が相当精度の高い写真を撮影しています。

二一世紀になって月探査は世界各国が挑むようになっています。日本の月探査機「かぐや」は、最高で解像度一〇メートル（一つのピクセルが一〇メートル）以下という高性能のカメラを搭載し、月全体を撮影しました。さらに、二〇〇九年に打ち上げられたアメリカの「ルナー・リコネサンス・オービター」は、それを上回る、なんと解像度五〇センチというさらに強力なカメラを搭載し、二〇一七年一一月現在でも月面を撮影し続けています。

これだけ高い解像度で月全体の写真が撮られているにもかかわらず、もっとも長くそれらの写真を見て解析作業を行っている科学者から、「建物を発見した」という報告が出たことはありません。

自宅でも探査機が撮影した画像を見られる時代に

さらに、今はインターネットの時代です。私たちは月の写真や地図をインターネットでも手軽に見ることができます。例えば、地球のあらゆる場所を手軽に見ることができるサービス「グーグル・アース」には、同じように月全体を見ることができる「グーグル・ムーン」というサービスがあります。また、探査機が撮影したデータは公開されているので、その気があればＮＡＳＡやＪＡＸＡからダウンロードして見ることも可能です。

最近では、そういった公開されているデータから、「月に人工の建造物発見！」というような記事が流れることがあります。ただ、これらはたいてい、左記のどれかのケースに当てはまるようです。

・光線の加減によって建物のように見えてしまう。
・写真データの圧縮の際のデータ欠損や、伝送の際のミスで生じるノイズなどを建物と誤解してしまう。

・自然の構造物で幾何学的な形をしているものを人工物だと思い込んでしまう。

探査機がこれだけたくさん飛んでいるということは、同じ場所を別の探査機が撮影していたり、同じ場所を別のタイミングで撮影していることが多いわけですが、そういった場所では「人工の建造物」が写っていたという話を聞いたことがありません。たまたまそう見えたというのが結論のようです。

こういう「月面の人工建造物」の話題は、大体ＵＦＯやＮＡＳＡの陰謀といった話と結びつくことが多いのですが、ＮＡＳＡ自身が探査機の観測データを惜しげもなく公開していることを考えれば、ＮＡＳＡは隠し立てをするようなところではないということはおわかりでしょう。

私たちが月面基地を作るまでは、そのような「月面の人工建造物」という話は、眉に唾をつけて聞いておくのがよさそうです。

第4章

月に行く、月で暮らす

Q 五〇年近く前に月に行ったのに、いま月に行けないのはなぜですか？

A 冷戦が終わり、月探査の優先度が低下

ポルノグラフィティの歌ではないですが、アポロ一一号が半世紀近く前に月に行っているにもかかわらず、私たちはいまも月に行くことはできません。このような状況が、「本当に半世紀も前に人類は月に行けたの?」という疑問を生み出し、別項で触れる「アポロ月着陸疑惑」につながっている面は少なからずあると思います。

では、なぜ人類はいまだに、人間をふたたび月に送り込めないのでしょうか。

それはひとえに、経済的な理由にあります。

アポロ計画が華やかであった一九六〇～七〇年代は、アメリカとソ連（米ソ）

の対立の時代でした。互いに核兵器を持ち、その核兵器の輸送手段であるミサイルの性能を競っていました。ミサイルの性能はロケットの性能でもあり、またその基盤となる科学技術の優劣が直結します。というわけで、両国とも自国のロケット技術、宇宙開発技術、科学技術の進展に国家を挙げて取り組んでいました。

ですから、月に人間を送り込むという、いってみればそれらの究極の目標に対しては無制限ともいえる予算がつぎ込まれたわけです。アポロ計画に使われた予算は、現在のお金に換算すると二〇兆円以上ともいわれています。果たして今、一つの国、例えば日本が、人間を月に送り込むという目的のためにこれだけのお金を使うでしょうか。仮に政府がそう提案したとしても「そんな金があれば福祉に回せ」という大合唱が起きるでしょう。

アポロ計画により人類（アメリカ人）が月へと着陸し、米ソの競争に決着がついてからは、宇宙開発はより実用的な方向、すなわち「宇宙を利用する」方向に向かいました。地球の周りの宇宙空間に宇宙ステーションを作り、そこへの往復のためにスペースシャトルという往還機を作ることで、宇宙を利用して新しい合金や医薬品を作るといった、より人類の生活に直接役立つ形に宇宙開発がシフトしていったのです。

月に人類を送る計画、再び

では、今（二〇一七年）の時点で月へ人類を送ることができるロケットや宇宙船はあるのでしょうか？

残念ながら、ありません。

いまアメリカでは、将来の月や火星の有人探査を目指したロケットと宇宙船を開発中です。宇宙船は「オリオン」（オライオン）と呼ばれ、スペースシャトルとは違い、昔ながらのカプセル型に回帰しています。このオリオン宇宙船を打ち上げるロケット群はＳＬＳと呼ばれ、無人・有人ともに打ち上げが可能です。ただ、オリオン宇宙船とＳＬＳは現在ＮＡＳＡが開発中で、初飛行は二〇一九年に予定されています。

また、アメリカの民間企業「スペースＸ」が開発中の大型ロケット「ファルコン・ヘビー」や、ロシアや中国が開発している超大型ロケットなども、将来は月へ人を運ぶことができるようになるのではないでしょうか。

ここまでお読みになった皆さんは「あれ？」と思うかもしれません。そうです。いまふたたび、人間が月へ向かう動きが出てきているのです。

それにはいろいろな理由があります。一九九〇年代になって、月の科学調査を目的にした探査機が再び打ち上げられ始め、二〇〇〇年代には日本も含め各国が競って周回探査機を打ち上げました。そして今は着陸機・ローバーの打ち上げが進んでいます。この先は人間を月に送り込む段階になってくるでしょう。

NASAは二〇一七年、月周辺に設置する新たな宇宙ステーション構想「深宇宙ゲートウェイ」を打ち出しました。そして一二月になって、日本もこの計画に参加することが発表されました。深宇宙ゲートウェイを通して月への有人探査が行われることになると考えられ、将来的には日本人の宇宙飛行士も参加する可能性もあります。有人月探査は二〇二〇年代にも実現するかもしれません。

もう少しすると、この項が過去のものになる時代がやってきそうです。

Q アポロ計画って捏造なんですか？

A アポロ疑惑の王道、旗問題。実は真空でもはためく

最近はやや下火になっているようですが、二〇〇〇年代なかばくらいには、「アポロ計画では実は人類は月に行っておらず、あれは月面着陸ができなくて捏造せざるを得なかったＮＡＳＡとアメリカ政府の陰謀だ」という話が、日本でもまことしやかに語られました。筆者もそういう質問を頻繁《ひんぱん》に受けたものです。

ここではっきりと申し上げましょう。「アポロは確かに月面へ行きました」。

捏造だといわれる根拠の多くは、月面でアポロの宇宙飛行士が撮影した写真や映像に不自然な点があることからきているのですが、その根拠とされる「理由」は、月の特殊な環境（空気がない、重力が地球に比べて小さい、遠近感がなくなる）

アポロ11号で、月面の旗の前に立つオルドリン宇宙飛行士。人類が月に行った証として、20世紀を代表する写真とされる。

Photo: NASA

を無視して、月面の写真を地球の常識のまま解釈してしまったケースが多いのです。ほかにも、宇宙飛行士の言葉を曲解したり、科学データの解釈を間違えているケースも見られます。

アポロ疑惑の中でも「王道」というべき、旗についての疑惑を考えてみましょう。写真はアポロ一一号で撮影された星条旗ですが、これがたなびいていることで、「この写真は空気がある場所で撮影された」ということをいう人が多くいます。そのため、この写真はアポロ陰謀論の中でも真っ先に取り上げられるものとなっています。

確かに私たちは、日常的に旗ははためくものと思っています。しかし、真空の中でどのように旗が振る舞うのかを知る機会はまずありません。

実は、真空の中でも旗ははためくのです。はためくというのは、旗全体が動くことによって旗が揺れる現象ですが、そのような現象は空気があろうとなかろうと旗が動く限り起こります。実際、二〇一四年三月に放送されたNHK BSプレミアムの「幻解！ 超常ファイル」という番組では、実際に真空にした容器の中に旗のミニチュアを入れ、外部からリモコンを使って旗を振ってみるという実験を行って、空気があるところよりむしろよく旗がはためくという結果を出しています。空気の抵抗がないぶん、旗はより動くのです。

ついでにいえば、旗が空気の動きではためくなら、周りに砂ぼこりが立ってもおかしくなさそうですが、アポロの月の映像ではそのような様子は全くみえません。

さらに、アメリカ人は旗に対して強い思い入れがあるようで、アポロ計画で月面に持っていった旗は、空気がない月面でもよく「はためくように」棒の入れ方などに工夫がされていました。よく見せようと思ったことが、かえって疑惑を招いてしまったようなのです。

陰謀論の再燃はテレビ番組から

アポロが月に行ってからだいぶ経った二〇〇〇年代にこのような話が再燃したのは、二〇〇一年にアメリカで「陰謀の理論・我々は月に行ったのか？」というテレビ番組が放送されたためです。それまでは本などでほそぼそとささやかれてきた疑惑がテレビ番組によって一気に拡散してしまったのです。

さらに、この番組が世界中で放送されることで、世界全体に噂《うわさ》が広まってしまいました。日本も例外ではなく、アメリカの番組をもとに制作されたバラエティ番組や、それと同時に出版された書物などで、日本人全体に一気に広まってしまったようです。

こういう、本当のことではなく「実はこうなのだ」と説明するような考え方を陰謀論といいます。アポロ疑惑は典型的な陰謀論です。

陰謀論は、一見私たちに真実を伝えてくれるように見えますが、実際には私たちの思考をそこで止めてしまい、真実から目を隠すだけでなく、真実を否定する方向に私たちの考え方を誘導してしまうことになります。「アポロが月に行ってなかったからといって別に世の中にはなんの影響もないではないか」ということではないのです。私たちの健全な物事への考え方を歪《ゆが》めてしまう第一歩になりかねないのです。

なお、よく言及されるアポロ疑惑の「証拠」とされるものについては、私が主宰するウェブサイト「月探査情報ステーション」や、ウィキペディア日本語版の「アポロ計画陰謀論」の項で詳しく説明されています。まずはこれらを一読されることをおすすめいたします。

Q 日本の月探査計画について教えてください

A 「スイングバイ」の技術は衛星「ひてん」で実験

日本がはじめて月に向けて打ち上げた衛星は、「ひてん」という衛星です。

一九九〇年に打ち上げられた「ひてん」は、工学試験衛星（「はやぶさ」などと同じ分類です）で、将来の月・惑星探査技術に必要となるいろいろな技術の試験を行うことが目的でした。大きさは直径が一・四メートル、高さが八〇センチほどと決して大きくはない衛星です。特徴的なのは、そのてっぺんに、孫衛星（地球の周りを回る衛星である月の周りを回る衛星ということで、月を「子」とすれば「孫」になります）となる「はごろも」を搭載していたことです。

「ひてん」の工学試験の最大の目的は、後に「はやぶさ」などで用いられること

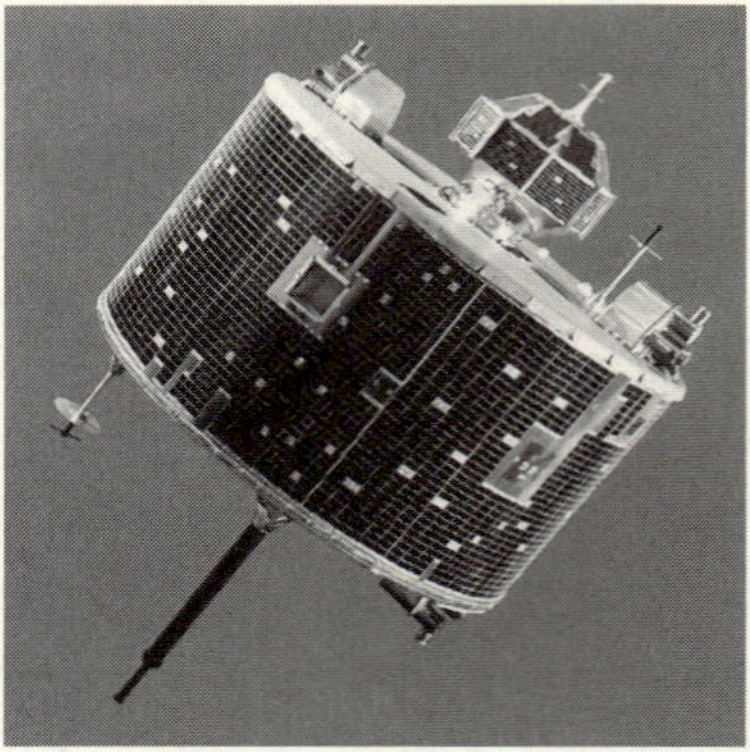

日本がはじめて打ち上げた月探査衛星「ひてん」。

Photo: JAXA

になる、天体のそばを通りすぎて加速する技術「スイングバイ」の試験でした。「ひてん」ではこの実験を合計一〇回行い、そのときに得られた技術がその後の惑星探査で使用されることになります。

また、一九九〇年には「はごろも」を切り離し、月を回る軌道に投入しました。残念ながら通信がうまくいかなかったため成功かどうかの判断はできていませんが、一応成功したと考えられています。

「ひてん」は、一九九三年に月に制御衝突（あらかじめ衝突する場所を決めて、軌道をそこに誘導して衝突させて探査を終わらせること）して探査を終了しました。

科学機器を一つしか搭載していないこと、もともと工学試験衛星であることから、科学目的の探査機とみなされないこともありますが、日本が月に向けて打ち上げた探査機としては「ひてん」がはじめてであることは確かです。

「かぐや」の次は「スリム」、そして日本人が月へ

日本の本格的な科学目的の月探査機は、「かぐや」が最初です。一九九五年頃から本格的な検討が始まり、二〇〇七年九月一四日に打ち上げられました。「かぐや」は、合計一四個もの多数の科学機器を搭載していました。また、科学機器に加え、ＮＨＫが開発したハイビジョンカメラを搭載していました。これにより、月上空での「満地球の出」や「満地球の入り」などを世界ではじめて撮影することに成功しました。科学目的ではありませんが、私たちに月の美しさを知らせるという意味では非常に画期的な試みではありました。

「かぐや」には表面や月周辺の様子を調べたりするほか、月から地球を観測する科学機器も搭載されていました。探査は二〇〇九年六月一一日、同じく制御衝突

月上空を飛行する「かぐや」の想像図。

で終了しましたが、二〇一七年現在でも得られたデータの解析が科学者により精力的に進められています。

では、将来はどうでしょうか。

ＪＡＸＡが現在推進している計画として、月に着陸機を送り込む「スリム」（ＳＬＩＭ）があります。

ＪＡＸＡでは長年にわたって月着陸技術を開発してきましたが、スリムではその中でも、狙った場所にピタリと着陸させる「ピンポイント着陸」の技術を開発することを狙っています。

そのために必要となるのは、月の画像を撮影しながら、もともと探査機が持っている地図と照らし合わせ、探査機を制御する極めて高度な技術です。このような技術の開発も精力的に進められており、現時点では二〇二〇年に打ち上げられる予定です。

一方、別の項でも触れましたが、アメリカの月周辺宇宙ステーション計画「深宇宙ゲートウェイ」に日本が参加を検討することが一二月に決まりました。この計画はおそらく二〇二〇年代後半に実現すると思われますが、その頃には日本の宇宙飛行士がこの深宇宙ゲートウェイに滞在し、そこから月面探査に向かう可能性もあります。この計画は日米だけではなく、ロシアなども含めた国際協力プロジェクトになる見込みです。

さて、ＪＡＸＡとは異なる形で、現在日本では「ハクト」という、月にローバー（月面車）を送るプロジェクトが進んでいます。こちらについては次項で解説します。

Q いま話題の月面ローバー「ハクト」とはなんですか？

A 月を目指す技術競争に参加する日本チーム「ハクト」

ハクトは、日本ではじめて、純民間資金で月面にローバー（月面車）を打ち上げることを目的としたプロジェクトのことです。ハクト＝白兎という名前はもちろん、うさぎ（白兎＝しろうさぎ）から来ています。

このハクトは、月面にローバーを打ち上げる技術競争「グーグル・ルナーXプライズ」に挑戦することを目指しているプロジェクトです。グーグル・ルナーXプライズとは、Xプライズ財団が主催し、グーグルが賞金を提供する技術競争です。

技術競争とは、ある高度な技術的な目標を設定して、それを最初にクリアした

© HAKUTO

月面に向かうローバー「ソラト」のイメージ図。ボディは月面におけるハクトのミッションに最適化された設計になっている。また、ボディにはこのプロジェクトに協力している各企業のロゴがペイントされている。

チームに賞金を出すというものです。この「高度な技術的目標」が今回は月面着陸＋月面走行で、賞のスポンサーがあのIT大手のグーグルというわけです。

二〇一八年三月末までに、月面に純民間資金（NASAやJAXAといった国の資金を投入しないこと）で開発されたローバーを打ち上げ、月面を五〇〇メートル以上走行した上で、月から高精度の画像・映像を最初に送信できたチームに、賞金二〇〇〇万ドル（約二二億円）が授与されます。

このレースには二〇一七年一一月末時点で五つのチームが残っていますが、そのうちの一つが、我が日本のハクトというわけです。

低予算で最先端の技術を搭載したローバー「ソラト」

ハクトが月に打ち上げるローバーは、一般からの公募で「ソラト」と命名されました。

ソラトの重さはわずか四キログラム、大きさは長さ五八センチ、幅五四センチ、高さ三六センチと大変小さいものです。ただ、ローバーをはじめ、探査機は大きくなればなるほど構造も複雑になり、打ち上げるロケットも大きなものが必要になります（つまり、より多くの資金が必要になります）。できるだけ限られた資金で一つの目的を達成するためのローバーとしては、ソラトは非常にバランスが取れ、かつギリギリまで重さと体積を削ったものとなっています。

重さを最小限とする一方で、打ち上げの際の振動や月面での過酷な環境に耐えるために、最先端の素材を多用しています。さらに、十分に信頼できるものであれば民生部品（宇宙用に専用に設計されたものではなく、私たちが地球上で使用しているものと同じ部品）を使用し、コストを抑えています。

月面ではソラトは自力で走行していきますので、途中に何か障害物などがあった場合にもぶつかったりしないように赤外線センサーが装備されています。前後左右に配置されたカメラはローバー周辺三六〇度の視界を撮影することができ、その画像を地球に送信します。ただ、そのままでは非常にデータ容量が大きいため、データを圧縮して送ることで通信時間と回線を節約します。

月面を五〇〇メートル（以上）走行するためには、月の砂（レゴリス）の性質をよく知った上で、凸凹《でこぼこ》や障害物にも問題なく対応でき、温度変化などにも耐えられる必要があります。ソラトの車輪は四輪で、そのような動作を行うための技術が使われています。

このような最先端の技術を搭載し、かつコストを抑えたローバーという形で誕生したソラトは、二〇一八年一～三月に打ち上げられる予定です。

打ち上げは、同じレースに参加するライバルのインドのチーム「チーム・インダス」のロケット（インドのＰＳＬＶロケット）に相乗りする形で行われます。

もちろん、先に他のチームが打ち上げに成功すれば、そのチームがいちばん乗りとなるかもしれません。しかし、月面で所定の動作に失敗してしまえば、あとから行くチームに賞金が授与される可能性もあります。

グーグル・ルナーXプライズは、その意味で目の離せないレースであり、ソラトの活躍がどのようになるかは、この本が出版される頃には日本で大きな話題になっているでしょう。

Q 私たちはいつ、月に住めるのでしょうか？

A 一四日間の夜を乗り切るための技術が必要

昔、私が子供の頃というと一九七〇年代ですが、「二一世紀になれば月面基地ができていて、まるで海外旅行に行くような感覚で月に行くことができる」というような未来予想図が絵本などに載っていたことを思い出します。残念ながら、人類はその一九七〇年代（正確には一九七二年）以来、月へ足を踏み入れていません。

月面基地に関しては、作るための要素技術（もととなる様々な技術）はおおむね完成しています。非常にざっくりとしたいい方ですが、国際宇宙ステーション（ＩＳＳ）で使われている居住用モジュールを月面へそのまま持っていけば、月面基地ができあがることになります。

長く住むということに関しても、ＩＳＳのノウハウを活用すれば、かなりの部分は解決できるでしょう。

ただ、まだ解決できていない課題がいくつかあります。

例えば、月の夜をどう乗り切るかです。

月は一四日間の昼と一四日間の夜があります。一四日間の昼はいいとして、一四日間の夜の間は太陽光も途絶えてしまいます。従って月面の温度はマイナス一〇〇度にまで下がります。さらに太陽光がないため、太陽光発電を行えません。一四日間はなんとかしてエネルギー源を確保して乗り切る必要があります。

また、人間を安全に月へ送るロケットがまだ世界にありません。アポロ計画が実施されていた頃、人間を月に送っていたロケットは「サターンV《ファイブ》」という巨大なロケットでした。これはまさにアポロ計画のために作られたもので、その後効率化を目指す宇宙開発では全く使われなくなりました。

スペースシャトルはそもそも地球周辺の宇宙空間に行くためのものですので、

月に行くことはできません。さらにスペースシャトル自体も二〇一一年に退役してしまいました。

現在NASAでは、月だけでなく、火星へ行くことも視野に入れた新しいカプセル型宇宙船「オリオン」（オライオン）と、それを打ち上げるための強力なロケット「SLS」を開発しています（別項参照）。

こういった残る技術的な課題が解決されれば、月に長期にわたって住むということができるようになります。

一般の人たちが月面基地へ行けるのは二一世紀後半か？

ここから先はあくまで私の予想ですが、二〇二〇年代なかばくらいには、まず簡易的な月面基地ができているでしょう。この「簡易的」というのは、宇宙飛行士一～二人が月の昼間だけ数日にわたって滞在するというような基地です。この基地は月の科学的な探査や、将来長期にわたって住むための技術を取得するためにまず作られるでしょう。

何回かそのようなミッションを行ったあと、二〇三〇年代に入れば、いよいよ、今のISSと同様、長期にわたって月面に人が住むようになるのではないでしょうか。ただ、長期にわたって住めるのは、訓練を積んだ宇宙飛行士のみという時代が長く続くと思います。

一般の人たちが月面基地に行けるような、まさに冒頭の絵本にあるような世界にお目にかかれるのは、二一世紀後半、おそらくは末近くになるのではないでしょうか。

ただ、月面基地実現については現在各国が検討を進めています。人類の英知が結集できれば、この予想よりも実現がもっと早まるかもしれません。

Q 月に住むときにいちばん重要なことは？

A 安全第一

月は地球とはまるで違うところです。重力は地球の六分の一しかありませんし、空気はないといっても過言ではありません。ですから、地球の常識で考えるとたいへん困った事態を招くことになります。

月で重要なことは「安全第一」ということです。なにしろ、地球からは三八万四〇〇〇キロメートルも離れています。何かあったとしても地球から助けに行くとすれば三日はかかります。命に関わる事態がなるべく起こらないようにすることが重要です。

では、どのようにして「安全第一」を確保すればよいでしょうか。それには、月における危険な要素を考える必要があります。

月においてもっとも危険なことは、空気がないことによる数々の問題です。

まず、いん石などが地球とは比較にならないほど多く降ってきます。地球では空気の摩擦などでいん石はほとんどが燃え尽きてしまいますが、月ではそのまま落下してきますので、これが基地や人間などに当たると命に関わります。

また、宇宙から降り注いでくる宇宙線も問題です。これも地球では大気でブロックされるのでほとんど問題になりませんが、月では人間の命を脅かす重大な問題になります。

月の環境も、人間にとって必ずしも快適とはいえません。例えば月の砂です。月の砂は非常に細かい上にとがっているため、もし吸い込んでしまうと肺などに刺さり、人間に害を及ぼす可能性があります。

こういった、命に関わる要素を排除することがまずいちばん重要です。

水、食べ物、エネルギーなど、まだまだ課題山積

もう一つ重要な点は、生きていくために必要ないろいろなものの確保です。人間が生きていくために必要なものは、水、食物、そしてエネルギーです。

水は、月面にも存在するという探査結果が最近出てきていますが、どこにどれだけあるという定量的な結果はまだ出ていません。また、その水をそのまま使えるかどうかもわかりません。

人間が水を飲むというのは、ただ単にH_2Oの水を飲むというだけではなく、その中に含まれるミネラルなども必要です。そのような飲用に適する水を月で見つけられるのか、また飲用に適する水に加工するためにどれだけのエネルギーや資源が必要かは、これからの課題になります。

食料については、太陽光さえあれば月面で植物などを作ることはおそらく可能でしょう。現在国際宇宙ステーションでもそのような実験が行われています。あるいは人工光を利用した「植物工場」のような形での栽培も考えられます。

ただ、植物だけで栄養バランスが取れるかどうかには気をつける必要があります。十分な栄養バランスとカロリーが取れる食料を月面で自給できるようにしなければなりません。

エネルギー源については、初期の月面基地であれば太陽光発電が主力となるでしょう。しかし、基地が広がってきたりすれば、やがては原子力発電や核融合発電などより大規模なエネルギー生産が必要になってくるでしょう。月の夜の一四日間はマイナス一〇〇度くらいに温度が下がります。この間のエネルギーの確保という点も重要な要素となってきます。

月に住むためには、このような危険や、人間にとって必要な要素を認識して、それに対する対処法を考えていくことが必要です。そして、そのような対処法の中から、月での最適な居住地が決まってきます。この点については次の項で解説していくことにしましょう。

Q 月に住むのにいちばん適した場所はどこですか？

A 溶岩洞窟や極地域のクレーター内部が候補

日本であれば、住むのに適した場所としては「駅に近くて買い物が便利で、物価が安くて……」というような社会的な条件が重視されることでしょう。しかし、月の場合は、前の項でも書きましたが、ともかくも安全第一です。地球からはるか離れた場所においては、命の危険が少ないことがもっとも重要なのです。

その意味でもっとも安全な場所としては、こちらも別項にてご紹介した、月の溶岩洞窟です。溶岩洞窟であれば、月でもっとも危険ないん石や宇宙線を避けることができます。また温度もほとんど一定で、月面のように温度差が二〇〇度にもなるような環境ではありません。

洞窟の場合は、外へのアクセスが問題になります。しかし最近、こうした洞窟につながる縦穴が発見されましたので、これを使って地上、あるいは地球との行き来や通信ができるようになるでしょう。ただ、洞窟ですので、太陽の光をとり込んだりして、快適な環境を整えることは必要です。

一方、世界的には、月の極地域が注目されています。これもまた別項でご紹介しましたが、月の極地域のクレーター内部には永久に光が当たらない領域があり、ここに水（氷）があると考えられています。また、クレーターの縁の部分は逆に「永久に光が当たる」領域になり、太陽光発電に最適な場所と考えられます。

クレーターの中に基地を作り、内部の水を利用して生活し、エネルギーはクレーターの縁に作った太陽光発電所でまかなう、というライフスタイルが考えられます。暗くて静かという環境を活かした天体観測にも最適でしょう。

ただ、永久に光が当たらないため、洞窟と同じように光などを取り込む必要もありますし、非常に低温の環境のため、それに向けた対策を講じなければなりません。また、極地域は地球からの通信や行き来にも若干不便が生じます。

月の表側と裏側、基地を作るならどちら？

地球からの、または地球への行きやすさを考えると、月の表側がもっとも便利です。表側は常に地球に向いていますので、通信も行き来も問題ありません。また、地球が常に見えている（地球からは月面基地がある場所が見えている）という点も安心感につながるでしょう。

地表に月面基地を設置する場合には、いん石や宇宙線を避けるため、分厚い屋根や壁などで防御する必要があります。上を砂で覆うなどして半地下構造にすることも検討すべきでしょう。

それでも、洞窟などと違い、外が見える安心感はあります。また、外へすぐアクセスできますので、月面での活動も行いやすいという点も重要です。

月の表側には海と呼ばれる場所が広がっています。この海は割と平坦で、広い土地が広がっていますから、大きな基地などを作るにも便利でしょう。

水を含めた生活に必要な物資の補給は、当面は地球から行うことになるでしょう。水を極地域から引くような大規模な工事は、相当基地が大きくならない限りスタートしないと思われます。

月の裏側は、地球との直接通信ができなかったり、平らな場所（基地に適した場所）が少ないなど、住みやすい場所とはあまりいえないかもしれません。ただ将来的に月に通信衛星が整備されて、地球との通信が中継できるようになると、科学的な魅力から月面基地が設置されることも考えられるでしょう。月の裏側は地球からの電波が届かないため、電波望遠鏡を設置した天体観測には非常に有利なのです。新しい発見を目指す科学者にとっては魅力的な場所となるかもしれません。

さあ、あなたは月のどこに住みたいですか？「住めば都」という言葉もあります。行きたい場所が住みたい場所、ということになるのかもしれません。

Q 月にはどのような資源があるのでしょうか？

A 水、アルミニウム、チタン……

月には、実は私たちが思いもよらないような資源が眠っています。どのような資源があるのか、またどのように利用できるのかを説明しましょう。

■水

水、というと皆さんは資源だとは思わないかもしれません。しかし、地球を飛び出した宇宙空間において、水は非常に貴重な資源です。

もちろん、私たち自身が生きていくためにも必要ですし、体を洗うなどの生活用水としても重要です。さらに、水は電気分解すれば水素と酸素に分かれ、それらをロケット燃料として活用することもできます。

近年の月探査で月の極地域に水が存在する可能性が指摘されています。このような地域に月面基地を作るか、何らかの手段でこのような場所から水を運んでくれば、地球からわざわざ補給するよりは安上がりに水を調達できるでしょう。

■アルミニウム

台所で使うアルミホイルから航空機まで、アルミニウムは現代文明に欠かせない素材です。

月の高地にある斜長岩という岩石には、このアルミニウムを豊富に含んでいるものが存在します。中には全体の九〇パーセントもアルミニウムを含むものがあるというのですから、資源としてはかなり有望でしょう。

アルミニウムは、資源として取り出すためにやや特殊な工程が必要であり、また大量の電力を使うという問題があります。工程については、炭素や塩素などを使ってアルミニウムを取り出す（これらの炭素や塩素はリサイクルされます）ことが考えられます。電力は月面で太陽光発電により生み出せるでしょう。

月面でのアルミニウムは、輸送機（ロケットやローバーなど）を作るのに使えますし、また酸素と化合させると高熱を発するという性質を使って、ロケット燃料に使用することも考えられています。

■チタン

ジェットエンジンのタービンブレードのように、高温環境下などで使われるチタンは、特に航空機や宇宙探査機の素材として非常に重要な金属ですが、地球上ではあまり豊富な資源ではありません。

月面の海の一部には、このチタンを豊富に含む「イルメナイト」と呼ばれる鉱物が存在することが、アポロ計画などによる探査で確かめられています。

ただ、イルメナイトがどれだけのチタンを含んでいるかについては、まだ詳しく調べられているとはいえません。例えばアポロ一一号着陸点付近のイルメナイトは、チタンを一五〜二〇パーセントも含んでおり、中にはより大量に含んでいるイルメナイトもあるとされています。資源として有望なイルメナイトがどこにどのくらいあるのかについては、今後のより詳しい探査が必要でしょう。

この他にも、月面で核融合の原料として使える可能性が期待されている「ヘリウム3《スリー》」(次項で詳しく解説します)、原子力発電の材料となるウランやトリウム、コンピューターなどに使われる半導体の材料、あるいは太陽光発電のために使われるケイ素など、月にはかなりの資源が存在すると考えられています。

問題は、その資源量の見積もりがまだ確実ではないということです。資源がある場所がどこなのか、また地球とは異なる月という環境で、どのようにすれば資源が取り出せるか、という研究はまだこれからです。そもそも、資源という観点からの月探査はこれまで行われてきませんでした。

これまでの月探査で得られたデータを使い、資源という観点から改めて月全体を調べることは、今後月面基地などを作っていく際に重要になると考えられます。

Q 月でのエネルギー源はどのようなものになるのでしょう?

A まずは太陽光エネルギーから

どのような場所に住むとしても、エネルギーは重要です。居住地を快適な温度に保ったり、別の場所に移動するためにも、エネルギー源は必ず必要です。

また、月には空気がありませんから、地球で使われる石油や石炭、ガスといった化石燃料は月では使えません。

月でのエネルギー源は、人間が居住する段階に応じてだんだん大きなものになっていくと思います。順番に触れていくことにしましょう。

まず初期の段階の月面基地では、太陽光発電が活躍すると思われます。月には空気がありませんから、雲によって太陽が隠れることもありません。土地も広大

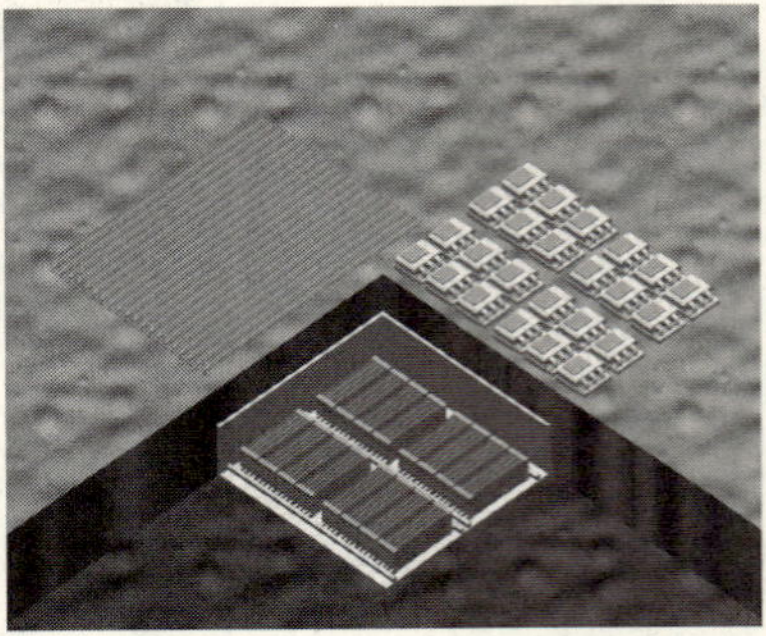

Photo: JAXA

宇宙開発事業団（現在の JAXA＝宇宙航空研究開発機構）において研究されてきた「ガラスの海」構想のイラスト。月の砂を高温で溶かして作ったガラス（ガラスブロックの集合体）に太陽光を集め、熱を蓄えておく。これを取り出し、夜間などに温度差を利用して発電を行う。熱を直接利用してもよい。

ですから、数人が居住するためには十分なエネルギーを得られるでしょう。

ただ大きな問題があります。月には一四日間の夜があります。夜の一四日間を「どうにかする」必要があるのです。このためには、昼の間に発電した電気をバッテリーなどに蓄えておくことが必要になります。

また、こういったことを心配しないで済む電力源としては原子力電池が挙げられます。すでにアポロ時代に科学機器の電源として使われた実績があります。また、火星や木星・土星などを探査する探査機の電源としても使われています。

原子力電池は、放射性元素が壊れるときの熱をそのまま電気に変えるものです。原子力発電とはその点が大きく異なります。

また、月の砂をガラス化し、そこに太陽光の熱を直接蓄え、発電などに利用する「ガラスの海」という構想も、宇宙開発事業団では研究されていました。

注目される将来のエネルギー「ヘリウム３」

もう少し居住者が増え、月面基地が大型化してくると、太陽光発電だけでは電力をまかなえなくなる可能性が出てきます。

その段階で考えられる電力源は二つです。原子力発電と核融合発電です。

原子力発電は、月に存在するウランやトリウムなどを利用した発電方式です。ただ、ウランやトリウムが存在するといっても量などが限られるので、長期にわたって運用するということは難しいかもしれません。

その点、今注目を浴びているのが「ヘリウム３《スリー》」という物質を使った核融合発電です。

ヘリウム3は、ヘリウムという元素（声が変わる気体としても知られています）の一種（同位体）です。

ヘリウムは、宇宙誕生のときから存在したといわれ、太陽の中心部で起きている核融合反応でも発生します。こうして発生したヘリウムは、太陽からの風「太陽風」によって地球付近にも到達し、月面にも吸着されます。

何十億年にもわたって月面には太陽からやってきた大量のヘリウム3が吸着されているはずです。これを取り出して核融合発電で電力を作り出そう、という試みがいま注目を浴びています。

月面のヘリウム3の総量は完全にはわかっていないものの、二万〜六〇万トンともいわれています。これだけのヘリウム3をすべて発電に使えれば、いま地球上で使用されている電力の数千年分をまかなえるといわれています。地球への送電が実用化すれば、月面基地どころか、地球のエネルギー危機も一気に解消されてしまうかもしれません。

実際、中国やインドが月探査に熱心なのは、この月面のヘリウム3が目当てだ、という見方もあるそうです。

ただ、問題もいくつかあります。そもそも、このヘリウム３を利用した核融合はまだ実用化されていません。核融合そのものも地上でも実現できていませんが、ヘリウム３を使う核融合は、現在実現を目指している核融合よりもさらに難しいため、実現できるのは数十年先といわれています。

また、ヘリウム３は月の砂にごくわずかしか含まれていないので、回収するには膨大な量の砂を処理する必要があります。一〇トンのヘリウム３を月の砂から取り出すのに一〇〇万トンの月の砂を集め、処理しなければなりません。この数字だけ見ても、現在の技術ではあまり実用的ではなさそうです。

太陽光発電以外では今のところ月でのエネルギー源であまり有望なものがありませんが、このあたりも技術開発が進めば解決してくる可能性はあります。ぜひ期待しましょう。

Q いま月に行こうとしたら、どのくらいの費用がかかりますか？

A 一一〇億円くらい!?　ちょっとしたお金持ちじゃ無理

前の項でも触れましたが、人間はいまは月に行くためのロケットを持っていません。それでも「何とかして」月に行こうとした場合、どのくらい費用がかかるでしょうか。

二〇〇〇年代後半に、アメリカの宇宙旅行企業が、ロシアの宇宙船「ソユーズ」を使用して、月を一周して帰ってくる月旅行の販売を行ったことがありました。このとき日本でも旅行代理店が販売したのですが、その価格はなんと一一〇億円というすごい額でした。とても私たち一般庶民が出せる額ではないですね。

ちなみに、宇宙旅行といってもいろいろな種類があります。

いちばん手軽な宇宙旅行としては、大気圏の上、上空一〇〇キロメートル程度まで行き、そこで数分とどまってまた帰ってくるという飛行です。「弾道飛行」ともいいます。一般的に宇宙の境目は上空一〇〇キロメートル（大気の上限）といわれていますので、これでも宇宙へ行ったことになるわけです。

現在この弾道飛行は実際に各社から販売が行われており、日本でも有名人が予約したというニュースが話題になることがあります。二〇一七年現在、この弾道飛行の価格は一〇〇〇〜二〇〇〇万円前後とされており、高級外車を買うのとほぼ同じくらいの額です。

では、上空四〇〇キロメートルにある「国際宇宙ステーション（ISS）」への旅はどうでしょうか。こちらは本格的な宇宙旅行ですし、数分ではなく一週間、あるいは望めば（訓練も必要ですが）数ヵ月の滞在も可能でしょう。

これを実際にやってのけたのが、アメリカの大富豪、デニス・チトーさんです。二〇〇一年にISSを訪れたのですが、その価格は二〇〇〇万ドル、日本円で約二二億円です。これまた庶民に出せる額ではないですね。

四六年ぶりに人類が月に

さてそんな中、二〇一七年二月に、民間人を二名月へ旅行させるという計画を打ち出した人がいます。アメリカの宇宙ベンチャー企業「スペースX」の創業者でもあり、電気自動車製作会社「テスラモーターズ」の創業者でもある（そして自身も億万長者である）イーロン・マスク氏です。

彼の計画によると、その飛行はなんと二〇一八年にも行われるとのことです。ただ、月に着陸して乗員が月に降り立つわけではなく、これもまたやはり、月の周りを回って帰ってくるという飛行です。それでも、月の近くに人間がたどり着くとすれば、一九七二年のアポロ一七号以来四六年ぶりとなります。

マスク氏はこの二名が誰なのか、身元を明かしていません。ただ、すでに巨額の前払金を払っているということもあり、相当なお金持ち（億万長者）ではないかとみられています。そのこともあって、このニュースが発表されたときには、アメリカのセレブ、あるいは宇宙好きの有名人なのではないかという憶測が流れ、何人かは実名が上がったりもしました。

今回使われる宇宙船は、スペースX社が開発中の「ドラゴン2《ツー》」宇宙船です。現在ドラゴン宇宙船はISSの物資補給用に使われていますが、これを改良し、有人宇宙飛行用としたものがドラゴン宇宙船の改良型となる「ドラゴン2」と呼ばれるものです。

打ち上げるロケットは、これもまたスペースX社が現在開発中の大型ロケット「ファルコン・ヘビー」です。

ただ、ドラゴン2もファルコン・ヘビーも「現在開発中」ということで、開発が間に合ったとしても、いきなり月に飛び立つには少々心もとない感じがありますが、それでも月に行きたいというのですから、その二人の心意気はすごいものです。

さてその費用ですが、スペースX社は身元とともに費用も明かしていません。ただ、各種報道によると一〇〇億円以上ということです。

少なくとも当面月に行こうとすると、億万長者になるしか手はないようです。

著者紹介
寺薗淳也（てらぞの　じゅんや）
1967年、東京都生まれ。麻布高校卒業後、名古屋大学地球科学科卒業、東京大学大学院理学系研究科（博士課程）中退。その後、宇宙開発事業団、宇宙航空研究開発機構、（財）日本宇宙フォーラムを経て、現在は会津大学企画運営室（兼）先端情報科学研究センター准教授。専門は惑星科学、情報科学。また、月・惑星探査を中心として宇宙についての普及啓発活動をライフワークとして行っており、著者が主宰するウェブサイト「月探査情報ステーション」は2018年で満20年を迎える。
著書は『検証　陰謀論はどこまで真実か』（文芸社、2011年、共著）、『惑星探査入門』（朝日新聞出版、2014年）など多数。
趣味はねこと食べ飲み歩きと西部警察。

編集協力—中村俊宏
イラスト—浜畠かのう

本書は、書き下ろし作品です。

ＰＨＰ文庫　夜ふかしするほど面白い「月の話」

2018年1月18日　第1版第1刷

著　者　寺　薗　淳　也
発行者　後　藤　淳　一
発行所　株式会社ＰＨＰ研究所
東京本部　〒135-8137　江東区豊洲5-6-52
第二制作部文庫課　☎03-3520-9617(編集)
普及部　☎03-3520-9630(販売)
京都本部　〒601-8411　京都市南区西九条北ノ内町11
PHP INTERFACE　https://www.php.co.jp/
組　版　朝日メディアインターナショナル株式会社
印刷所　共同印刷株式会社
製本所　東京美術紙工協業組合

ISBN978-4-569-76775-8